国之重器出版工程
网络强国建设

可见光通信关键技术系列

"十三五"
国家重点出版物出版规划项目

可见光通信新型
发光器件原理与应用

Principle and Applications of Novel Light-Emitting Devices for Visible Light Communication

欧海燕　沈超　著

U0247061

人民邮电出版社
北京

图书在版编目（CIP）数据

可见光通信新型发光器件原理与应用 / 欧海燕，沈超著. -- 北京：人民邮电出版社，2020.5（2022.8重印）
（可见光通信关键技术系列）
国之重器出版工程
ISBN 978-7-115-51813-2

Ⅰ．①可… Ⅱ．①欧… ②沈… Ⅲ．①光通信系统—发光器件—研究 Ⅳ．①TN929.1②TN43

中国版本图书馆CIP数据核字(2019)第179846号

内 容 提 要

本书介绍了一系列新型氮化物发光器件的结构设计、制备工艺和性能表征。这些新型器件包括表面等离激元增强 LED、纳米柱 LED、近紫外 LED、超辐射氮化镓、半极性和非极性氮化镓激光器、多段式氮化镓激光器、光子集成电路以及垂直腔面发射激光器。本书重点分析了这类新型器件的电学与光学特性，并讨论了不同器件在可见光通信应用中所具有的显著优势。

本书取材新颖，内容翔实，集成了国际上氮化物发光器件领域最前沿的热点方向与研究成果。适用于从事发光器件和可见光通信系统研究的广大工程技术人员阅读，也可作为通信、电子、光学等专业和相关培训班的教学参考书。

- ◆ 著 　　　　欧海燕　沈　超
　　责任编辑　　代晓丽
　　责任印制　　杨林杰
- 人民邮电出版社出版发行　　北京市丰台区成寿寺路 11 号
　　邮编　100164　　电子邮件　315@ptpress.com.cn
　　网址　http://www.ptpress.com.cn
　　涿州市京南印刷厂印刷
- ◆ 开本：720×1000　1/16
　　印张：11.5　　　　　　　　　　　2020 年 5 月第 1 版
　　字数：209 千字　　　　　　　　2022 年 8 月河北第 4 次印刷

定价：108.00 元
读者服务热线：(010)81055493　印装质量热线：(010)81055316
反盗版热线：(010)81055315

《国之重器出版工程》
编辑委员会

专家委员会委员（按姓氏笔画排列）：

于　全　中国工程院院士

王　越　中国科学院院士、中国工程院院士

王少萍　"长江学者奖励计划"特聘教授

王建民　清华大学软件学院院长

王哲荣　中国工程院院士

尤肖虎　"长江学者奖励计划"特聘教授

邓宗全　中国工程院院士

甘晓华　中国工程院院士

叶培建　中国科学院院士

朱英富　中国工程院院士

朵英贤　中国工程院院士

邬贺铨　中国工程院院士

刘大响　中国工程院院士

刘怡昕　中国工程院院士

刘韵洁　中国工程院院士

孙逢春　中国工程院院士

苏彦庆　"长江学者奖励计划"特聘教授

苏哲子　中国工程院院士

李伯虎　中国工程院院士

李应红　中国科学院院士

李新亚　国家制造强国建设战略咨询委员会委员、
　　　　中国机械工业联合会副会长

杨德森　中国工程院院士

张宏科　北京交通大学下一代互联网互联设备国家
　　　　工程实验室主任

陆建勋　中国工程院院士

陆燕荪　国家制造强国建设战略咨询委员会委员、原
　　　　机械工业部副部长

陈一坚　中国工程院院士

陈懋章　中国工程院院士

金东寒　中国工程院院士

周立伟　中国工程院院士

郑纬民　中国工程院院士

郑建华　中国科学院院士

屈贤明　国家制造强国建设战略咨询委员会委员、工业和信息化部智能制造专家咨询委员会副主任

项昌乐　"长江学者奖励计划"特聘教授，中国科协书记处书记，北京理工大学党委副书记、副校长

柳百成　中国工程院院士

闻雪友　中国工程院院士

徐德民　中国工程院院士

唐长红　中国工程院院士

黄　维　中国科学院院士、西北工业大学常务副校长

黄卫东　"长江学者奖励计划"特聘教授

黄先祥　中国工程院院士

董景辰　工业和信息化部智能制造专家咨询委员会委员

焦宗夏　"长江学者奖励计划"特聘教授

 前　言

　　技术的进步推动着社会的发展，并深刻影响着人类的思维方式。在日新月异的技术爆炸时代，能够产生深远影响的技术，无不顺应天时、地利和人和，三者缺一不可。通俗来讲，知识是技术的先驱，会经历比技术发展更长周期的积累。当技术发展成熟后，还需要面对市场的选择，最终胜出的一定是能解决当务之急的性价比最高的解决方案。

　　通信是一项古老的技术，可以追溯到万里长城上的烽火台。现代通信技术依据电磁载波波段的不同，可划分为无线电波通信（30 Hz～300 GHz）、光通信等，其中微波（300 MHz～300 GHz）是无线电波高频段，微波通信有时会单独列出。其发展过程中波长在不断变小。不断变小的波长带来的好处是不断提高的通信速率和带宽。通信领域的新旧技术不是取代关系，上面提到的通信技术都还存在，呈互补关系。

　　可见光通信使用的波段比目前使用红外波长的光通信的波长更短。随着传统通信用的频谱资源越来越稀缺，可见光波段目前还未被规划和标准化，因此可见光通信技术在近十年来成为了研究热点。该技术的快速发展也离不开氮化物基发光器件的技术突破。作为高效率的白光光源，LED 灯迅速渗入市场，取代效率较低的白炽灯和荧光管。该类器件作为信号发射器，使得可见光通信系统可以和照明系统集成也是该技术的重要优势。研究新型氮化物双功能（照明和通信）发光器件无疑是可见光通信技术的重要课题。本书的作者相信藉以此方面的技术突破，可以促成可见光通信的广泛应用。

本书撰写过程中，得到同事与同行的大力支持，在此对他们的辛勤付出表示由衷的感谢。他们是李洁慧博士（复旦大学信息科学与工程学院）、Ahmed Fadil 博士（丹麦技术大学光子工程系）、欧亦宇博士（丹麦技术大学光子工程系）、林立博士（丹麦技术大学光子工程系）、孙海定博士（中国科学技术大学微电子学院）和李鸿渐博士（加州大学圣巴巴拉分校固态照明与能源电子中心）。

本书第 2 章中用到的薄 p-GaN LED 外延片和第 3 章中用到的黄光 LED 外延片来自日本的名城大学。第 4 章中用到的近紫外外延片来自中国科学院半导体所。第 5～8 章中的部分外延结构是在美国圣巴巴拉加州大学固态照明中心制作的。作者在此对多年来合作者的贡献和付出表示感谢。

本书第 2～4 章讲述的研究成果得到以下丹麦基金的项目支持，在此表示感谢。

① "Super bright light-emitting diodes using nanophotonics (SBLED)" (0603-00494B), Danish Council for Strategic Research.

② "A new type of white light-emitting diode using fluorescent silicon carbide (LEDSiC)" (4106-00018B), Innovation Fund Denmark.

本书第 5～8 章讲述的研究成果得到以下基金项目的支持，在此表示感谢。

① King Abdulaziz City for Science and Technology (KACST), Grant No. KACST TIC R2-FP-008.

② KACST-KAUST-UCSB Solid State Lighting Program (SSLP).

③ King Abdullah University of Science and Technology (KAUST) baseline funding, BAS/1/1614-01-01.

④ KAUST funding KCR/1/2081-01-01, and GEN/1/6607-01-01.

⑤ KAUST-KFUPM Special Initiative (KKI) Program, REP/1/2878-01-01.

对这些新型器件的研究仍处于研发的不同阶段，希望本书能为不同背景的读者提供有用的参考。由于时间仓促，错误难免，敬请读者指正。

目 录

第 1 章

绪　论

可见光通信（Visible Light Communication，VLC）在室内、室外自由空
间、水下等诸多领域显示出了广泛的应用前景。本章首先回顾近年来
可见光通信主要的发展方向，从器件角度探讨不同可见光通信系统的性能和
最新发展状况，从而进一步总结作为可见光通信的发射器、氮化物发光器件
需要具备的特性。针对可见光通信系统对发光器件的要求，介绍基于纳米光
子学的新型器件结构：表面等离激元 LED、纳米柱 LED、近紫外 LED、超
辐射发光二极管（Super Luminescent Diode，SLD）、半导体激光器、光子集
成器件以及垂直腔面发射激光器（Vertical-Cavity Surface-Emitting Laser，
VCSEL）7 种不同的新型氮化物发光器件。

|1.1 可见光通信系统的应用|

作为一种无线光通信技术，可见光通信（Visible Light Communication，VLC）系统在不同应用场景中具有独特优势，也可以有效填补现有射频无线通信技术的不足。可见光通信不仅能够针对现有应用提出新的解决方案，而且能够激发出新的应用。不同市场调研机构的研究表明可见光通信将在未来数年内形成一个广阔的市场。Grand View Research 的研究报告显示，到 2024 年，全球可见光通信市场有望达到千亿美元以上，其中对于网络安全的关切与顾虑将成为重要的增长动力。BCC Research 的研究报告也显示 2018—2023 年，可见光通信市场的年增长率将达到80%[1]。Technavio 的《2015—2019 年全球可见光通信市场》报告指出，可见光通信将在智慧城市、物联网、航海、航空、高铁、地铁、井下作业和室内导航等领域显示出独特优势[2]。

目前可见光通信的主要应用包括以下内容。

• 虚拟现实、增强现实、混合现实与介导现实系统。

• 智能工厂。

• 玩具、娱乐系统、可穿戴器件系统。

• 室内上网与楼宇、室内定位。

• 飞机机舱内通信、航天器系统。

- 智能交通、智慧汽车。
- 保密通信。
- 户外应急通信。
- 电磁敏感区的无线通信。
- 智慧城市。
- 楼宇间通信。
- 水下无线通信。
- 舰船通信等。

随着可见光通信与蜂窝网络、Wi-Fi 等技术的交互与融合，未来将有越来越多的应用落地和技术创新出现。

|1.2　可见光通信系统的发展 |

自 21 世纪初提出利用常见的照明用白光 LED 实现可见光通信以来，该技术得到了迅猛的发展。2013 年出版的《LED 可见光通信技术》一书系统总结了白光 LED 可见光通信技术的基本原理、硬件结构、信道建模、调制技术以及发展趋势[3]。在 2015 年，迟楠教授等[4]系统总结了基于 LED 的可见光通信关键器件和应用的研究。ARNON 等[5]探讨了室内可见光通信与室内定位、可见光通信的标准化以及新型调制模式在可见光通信中的应用。在 2017 年，GHASSEMLOOY 等[6]在讨论可见光通信信道与调制技术的基础上，分析讨论了可见光通信在路灯、车辆通信、辅助技术、水下通信、室内定位等领域中的应用。得益于近年来多种新型器件的快速发展，可见光通信系统的性能也得到了快速提升。比如 2015 年利用蓝光激光激发荧光粉制成的白光光源用在可见光通信系统中通过通断键控（On-Off Keying，OOK）调制实现了 2 Gbit/s 的传输速率[7]，而 4 年之后，使用 4 种激光组成的室内可见光通信系统，在波分复用（Wavelength Division Multiplexing，WDM）时预计可以实现高达 35 Gbit/s 的通信速率[8]。因此，系统总结适用于可见光通信系统的半导体发光器件，特别是最近几年来一系列新型器件的结构设计、加工技术与光电特性，成为重要且有意义的工作。

从不同的发光器件角度来分类，可见光通信可以分为基于 LED 的可见光通信系统和基于激光的可见光通信系统。近年来，国内活跃在可见光通信研究领域的高校和科研院所主要有复旦大学、中国科学技术大学、清华大学、暨南大学、信息工程大学、浙江大学、中山大学、北京邮电大学、南京邮电大学、香港科技大学、台湾交通大学、台湾大学、台北科技大学、中国科学院半导体研究所和中国电信研究院等科研院所。国际上除了作者所在的单位之外，英国爱丁堡大学、牛津大学、格拉斯哥大学、日本的东京大学、庆应义塾大学、德国费劳恩霍夫研究所、美国加州大学和伦斯勒理工学院等也在这一领域非常活跃。

可见光通信的产业化在国外起步相对较早，其中英国爱丁堡大学于 2012 年孵化的 PureLiFi 公司已经在 LED 可见光通信领域发布了数款利用 LED 上网的产品。主营自由空间光通信的 LightPointe 于 2016 年在美国加州成立了子公司 Firefly Wireless Networks 开发可见光通信技术。法国 Oledcomm 公司成立于 2011 年，目前集中于研究可见光通信与定位技术。此外，日本和德国的企业和研究机构也开展了可见光通信系统的应用推广。我国高度重视可见光通信技术的发展与应用，除了为"863"等国家科技计划提供扶持之外，也于 2014 年成立了可见光通信产业技术创新联盟。2017 年，广东省成立了智慧可见光产业技术创新联盟，助推我国相关产业的技术转型升级。

|1.3 可见光通信发射器的基本要求 |

与其他成熟商用的通信系统一样，可见光通信系统硬件包括发射器和接收器。其中发射器分为直接调制的发光器件和外调制的发光器件。由于外调制的发光器件需要额外的调制器，增加了成本，直接调制的发光器件是本书介绍的重点。直接调制的发光器件在可见光通信应用中的要求如下。

① 调制速率高、带宽大。商用的使用黄光荧光粉 LED 的白光光源的调制速率受限于荧光粉，调制速率仅为 10 Mbit/s，蓝光 LED 芯片的调制速率较高，可达 20~40 Mbit/s。新型的 LED 研究旨在获得更高的调制速率。

② 流明效率高。LED 光源可以取代传统的白炽灯的一个主要原因是它节能，所以新型的发光源也要继续保持这个优点。

③ 小型化。半导体芯片本身有小型化的优点，作为发射器，要求除了芯片以外的控制部分，如电驱动，电调制和热管理等也要实现小型化。

④ 寿命长。这样可以保持系统的维护成本低，这在人工成本高的国家和地区尤为重要。

1.4 本书章节安排

对于可见光通信系统中的发射端，传统的 LED 并不能满足可见光通信领域中诸多应用对带宽、效率等方面的要求。本书描述了几种适用于可见光通信的新型发光器件的研究，重点讨论了这些器件的工作原理、设计、制备和测试。

第 2 章利用纳米金属颗粒的表面等离子体技术来提高绿光 LED 的发光强度和调制带宽。测试结果表明，30 nm 厚 p-GaN 的 SP LED 的 10 dB 带宽可达 152 MHz。

第 3 章利用纳米制备技术，实现纳米柱的 LED。纳米柱 LED 可以释放材料应力，提高 LED 效率，同时减小单个发光体的体积，提高调制速率。由测量得到的载流子寿命推算出的纳米柱 LED 的 3 dB 带宽可达 234 MHz。

第 4 章描述近紫外 LED 的设计、制备和光学表征。测试结果表明，近紫外 LED 的 3 dB 带宽可达 175 MHz，10 dB 带宽达 230 MHz。

第 5 章介绍氮化镓超辐射发光二极管的原理与应用。SLD 作为一种新型发光器件，具有较高的调制带宽，使用吸收器结构制成的蓝光 SLD 具有超过 200 MW 的输出光功率，其调制带宽可以达到 560 MHz。使用倾斜镜面结构的紫光 SLD 则具有高达 800 MHz 的调制带宽。因此，利用蓝紫光 SLD 高速调制特性来实现高速白光通信是一种值得进一步研究发展的技术。

第 6 章从氮化镓激光器的发展入手探讨了基于半极性和非极性新型氮化镓蓝紫光激光器以及它们在可见光通信中的应用。研究发现，生长在半极性 GaN 衬底上的紫光激光器在 400 mA 电流的驱动下，实现了大于 3 GHz 的调制带宽。这类器件对于高速可见光通信系统来说极具应用价值。

第 7 章介绍了多段式氮化镓激光器和可见光波段的光子集成电路（Photonic Integrated Circuit，PIC）。对于小型、高速和低功耗的光通信系统来说，实现片上光子芯片集成是未来的发展方向。对于氮化镓基发光器件来说，这是一个全新的、尚未广泛研究的领域。这一章介绍了氮化镓激光二极管（Laser Diode，LD）集成波导调制器、集成半导体光放大器（Semiconductor Optical Amplifier，SOA）、集成波导光接收器的工艺技术和器件特性。

第 8 章探讨了氮化镓基蓝紫光垂直腔面发射激光器（Vertical Cavity Surface Emitting Laser, VCSEL）的最新发展。VCSEL 器件具有极低的寄生电容，实验结果表明氮化镓基 VCSEL 可实现 GHz 量级以上的高速调制，是未来超高速可见光通信系统中的重要元器件。

| 参考文献 |

[1] Optical wireless communication and Li-Fi: global markets to 2023[R]. [s.l.]: BCC Research, 2018.

[2] Global visible light communication market 2017-2021[R]. [s.l.]: Global Info Research, 2017.

[3] 迟楠. LED 可见光通信技术[M]. 北京: 清华大学出版社, 2013.

[4] 迟楠. LED 可见光通信关键器件与应用[M]. 北京: 人民邮电出版社, 2015.

[5] ARNON S. Visible Light Communication[M]. Cambridge: Cambridge University Press, 2015.

[6] GHASSEMLOOY Z, NERO A L, SJANISLAV Z, et al. Visible light communications: theory and applications[M]. Boca Raton: CRC Press, 2017.

[7] LEE C, CHAO S, HASSAN M O, et al. 2 Gbit/s data transmission from an unfiltered laser-based phosphor-converted white lighting communication system[J]. Optics Express, 2015, 23(23): 29779-29787.

[8] CHUN H. A wide-area coverage 35 Gbit/s visible light communications link for indoor wireless applications[J]. Scientific Reports, 2019, 9: 4952.

第 2 章
表面等离激元增强 LED

表面等离极化激元（Surface Plasmon Polariton，SPP）是由光和金属表面的自由电子相互作用引起的一种电磁波模式，它被局限于金属与介质界面附近，能够使近场场强增强。SPP 的这种特征可以很好地突破衍射极限，利用等离激元特有的表面传播与耦合、局域共振等特性，设计并实现基于半导体发光二极管（Light Emitting Diode，LED）芯片的等离激元有源器件，并验证将其应用于高速可见光通信的可行性。本章将对表面等离激元增强 LED 的基本原理及其在可见光通信中的应用进行简要介绍。

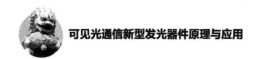

| 2.1 表面等离激元增强 LED 的工作原理 |

表面等离子体理论是一个既古老又新兴的理论，随着理论研究的深入和微纳米制备技术的发展，人们对于金属纳米颗粒（Nano Particles，NPs）的形状、尺寸大小以及周围介质环境对其光学性能的影响进行了比较深入的系统研究，逐步完善了金属纳米颗粒表面等离子体的耦合机理。

2.1.1 表面等离子体模式

等离激元是包含了自由电荷和光之间相互作用的共振模式。电离层和金属都是典型的等离子体，即含有自由移动电荷的介质[1]。当移动电荷偏离平衡位置时，变化了的电场分布便会对其施加回复力，这一回复力决定了振动的共振频率。当入射到等离子体表面的光频率低于这一共振频率时，光将诱导电荷载体的移动，即入射光被吸收；当光频率高于共振频率时，光不足以诱导电荷载体移动，即入射光被透射。当金属相对介电常数为负时，共振可以产生表面等离激元（Surface Plasmon，SP）。改变金属的结构可以改变其等离子体激元的响应特性，并使光与对应的等离激元模式耦合[2]。每一种金属都有一个特征的等离子体共振频率，并且这个频率与可见光的频率较为相近。由于光波在金属块中的衰减较快，其只能作用在金属表面,这样依赖于金属表面的表面等离子体就定义为金属表面等离子体激元如图 2-1 所示。当光波的激发频率和等离激元频率相匹配时,就形成了表面等离子体极化激元。

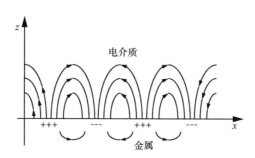

图 2-1　电场作用下表面等离子体激元沿金属—电介质界面传播

相对于理想光滑的金属表面,现实中普遍存在的是具有微细结构(微小凹凸、粗糙)的金属结构。这时表面等离子体被局限在微细表面结构上进行局域表面等离子共振(Localized Surface Plasmon Resonance,LSPR),这被称为局域表面等离子体激元共振如图 2-2 所示。对于表面粗糙的 LSPR 模式,与共振相关联的电磁场被局限在比波长尺度更小的体积内,这一小体积模式是局部等激元的主要动力。影响局域表面等离子体频率的因素主要有金属结构的尺寸、形状和介电环境等。

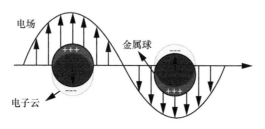

图 2-2　局域表面等离子体激元共振

在 SPP 模式下,等离激元可以沿着金属–介质界面方向传播几十至几百微米,并在 z 轴方向上衰减。而在 LSPR 模式下,光与尺寸远小于其波长的金属颗粒相互作用,导致等离激元在颗粒周围以一定频率振荡[3]。和已在商业中广泛应用的 SPP 相比,LSPR 也同样拥有很多优势,且随着纳米尺度金属颗粒制备技术的发展,LSPR 成为一个新的研究热点。

2.1.2 表面等离激元增强 LED 的光学特性

对于 InGaN 量子阱（Quantum Well，QW）发光体，使用金属纳米颗粒比金属薄膜可以更有效地增强光致发光（Photoluminescence，PL）和电致发光（Electroluminescence，EL）效率[4-5]，有效抑制 LED 的效率下降[6]，同时还可以提高可见光通信的调制带宽[7-8]。LSPR-QW 的耦合机制与 SPP-QW 类似，激子能量通过非辐射衰变传递给 LSPR 模式。与其他非辐射方式相比，该方式具有非常快的衰减速率。由纳米颗粒引入的额外辐射衰变通道的耦合和衰减机制如图 2-3 所示。

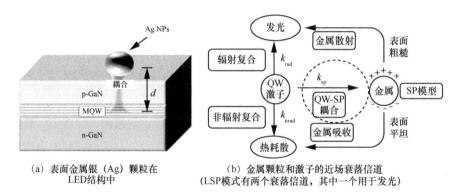

(a) 表面金属银（Ag）颗粒在　　　　　(b) 金属颗粒和激子的近场衰落信道
　　LED结构中　　　　　　　　　（LSP模式有两个衰落信道，其中一个用于发光）

图 2-3　由纳米颗粒引入的额外辐射衰变通道的耦合和衰减机制

金属纳米颗粒可以应用于 LED 的不同部位：衬底表面、有源层附近以及外延片表面。当金属纳米颗粒处于 LED 量子阱的有源层附近时，如果频率相匹配，激子与局部表面等离子体产生共振耦合，使得金属表面的电场强度以数量级增强，激子的能量将转给金属局部表面等离子体并以光子的形式辐射出去。这种方式创建了一个新的激发通道，能够有效减少非辐射复合的能量损失。由于表面等离子体是一种消逝波，随着远离金属表面方向距离的增加而指数衰减。因此只有当电子–空穴对分布在金属表面的近场时才能耦合成 SP 模式，SP 边缘场的穿透深度 d_z 表示为[9]

$$d_z = \frac{\lambda_0}{2\pi}\sqrt{\frac{\varepsilon_d + \varepsilon_m}{-\varepsilon_d^2}} \qquad (2\text{-}1)$$

其中，ε_d 为电介质（如 GaN）的介电常数，ε_m 为金属的介电常数，λ_0 为有源层的发光波长。式（2-1）反映了 SP 被束缚在界面上的特点。当利用表面结构去控制 SP

时，这种结构的尺寸要与激发波长相匹配。对于发光波长为 450 nm 的 LED，金属颗粒与量子阱的距离不能超过 41 nm。

金属与电介质之间的界面支持表面波，因此光子能够被限制在衍射极限之内。对于金属平面–电介质界面而言，SPP 的色散系数（传播常数）可以表示为[9]

$$\beta = \frac{2\pi}{\lambda_0}\sqrt{\frac{\varepsilon_d \varepsilon_m}{\varepsilon_d + \varepsilon_m}} > k_0\sqrt{\varepsilon_d} \qquad (2\text{-}2)$$

光滑的金属表面是无法激发 SPP 的，因为 SPP 被束缚在金属界面上，但通过合理地设计金属表面结构，可以使处于全反射（Total Internal Reflection，TIR）角外不能辐射出去的 SP 以光子的形式辐射出去，从而提高 LED 的外量子效率（External Quantum Efficiency，EQE）。

将 Purcell 理论引入到 LED 中，便可计算出 Purcell 因子 F_p[10]。

$$F_p = \frac{3Q}{4\pi^2 V_{\text{eff}}}\left(\frac{\lambda_c}{n}\right)^3 \qquad (2\text{-}3)$$

其中，V_{eff} 表示有效模式体积，n 表示介质的折射率，λ_c 表示真空中激子辐射的波长，Q 表示品质因数。

LED 表面的金属纳米颗粒可以使入射电磁场激发出强烈的局域场，从而导致 V_{eff} 减小，Purcell 因子增大，QW-SP 耦合速率非常快，从而增加自发辐射速率并相应地减少载流子复合时间，增强 LED 的内量子效率（Internal Quantum Efficiency，IQE）[11]。

电子–空穴复合产生的激子能量不仅可以通过辐射复合、非辐射复合衰减，还会直接耦合到 SP 中。首先，通过光泵浦或电泵浦在 QW 中产生激子。对于没有金属纳米颗粒的样品，这些激子被辐射复合或非辐射复合所终止，内量子效率 η_{int} 由这两个速率的比值确定，即[12]

$$\eta_{\text{int}} = \frac{k_{\text{rad}}}{k_{\text{rad}} + k_{\text{non}}} \qquad (2\text{-}4)$$

如果电子–空穴对（激子）位于金属 SPP/LSP 模式的近场区域内，则激子的能量可以直接耦合到 SPP/LSP 中，这种耦合是一种非辐射激子衰变。这种衰变速率根据费米的黄金法则可以估算为[13]

$$k_{\text{sp}}(\upsilon) = \frac{2\pi}{h}(dE)^2 \rho(h\upsilon) \qquad (2\text{-}5)$$

其中，$\rho(hv)$ 是 SPP/LSP 态密度，d 是激子偶极矩，E 是等离子体电场。等离子体激元态密度函数表示为

$$\rho(hv) = \frac{L^2 d(\beta^2)}{4\pi d(hv)} \tag{2-6}$$

其中，L^2 是平面量化区域。

当金属层在有源区的近场内生长，并且 InGaN 有源区的带隙能量 hw_{BG} 接近金属–半导体材料表面的 SP 电子振动能量 hw_{sp} 时，QW 能量就可以转移给 SP。高密度的 SP 引起了高的电磁场效应，这也提高了 QW-SP 耦合速率[13]。

对于有金属纳米颗粒的样品，内量子效率可以表示为

$$\eta'_{int} = \frac{k_{rad} + k_{sp}}{k_{rad} + k_{nrad} + k_{sp}} \tag{2-7}$$

其中，k_{sp} 表示激子-LSP 耦合速率。

2.1.3 表面等离激元增强 LED 的调制特性

LED 器件的调制带宽是指调制到 LED 上的最大信号频率，与其响应速度有关。影响光学调制带宽的主要因素有两个：电阻电容（Resistor Capacitor，RC）时间常数和载流子复合时间[11,14-15]。在过去十年中，已经尝试了多种方法，比如通过减少 RC 时间常数、减小有源区厚度、采用势垒掺杂多量子阱（Multiple Quantum Well，MQW）结构[16]、减小有效发光面积[17-19]等来改善 LED 的光学调制带宽。然而，一旦 LED 的尺寸减小到一定值，RC 时间常数将不能再进一步降低，因此 LED 的调制带宽将主要受载流子复合时间的限制。载流子复合时间和 RC 时间常数在确定 LED 的调制带宽方面具有同样的重要性，但是目前很难解决这两个因素之间相互制约的关系。

根据重组理论[20]，净重组速率 R 可以用空穴浓度 P_0、热平衡中的电子浓度 N_0、过量载流子浓度 $\Delta p(\Delta n = \Delta p)$ 和辐射复合常数 B 来表示[21-22]。

$$R = B(N_0 + \Delta n)(P_0 + \Delta p) - BN_0P_0 = \\ B(N_0 + P_0 + \Delta p)\Delta p \tag{2-8}$$

注入载流子的辐射复合寿命 τ_r 可以表示为

$$\tau_r = \frac{\Delta p}{R} = \frac{1}{B(N_0 + P_0 + \Delta p)} \tag{2-9}$$

载流子复合寿命 τ 可以定义为辐射复合寿命 τ_r 和非辐射复合寿命 τ_{nr}。

$$\frac{1}{\tau}=\frac{1}{\tau_r}+\frac{1}{\tau_{nr}}\qquad(2\text{-}10)$$

而 LED 的 3 dB 调制带宽主要受限于载流子的辐射复合寿命 τ_r[23-26]。

$$f_{3\,dB}=\frac{1}{2\pi\tau_r}\qquad(2\text{-}11)$$

由以上公式可以看出，LED 的 3 dB 调制带宽与载流子辐射复合寿命成反比，这进一步验证了表面等离激元增强 LED 在调制性能上的优越性。因此，降低 LED 有源区中的载流子辐射复合时间将是增加 LED 调制带宽的有效解决方案之一。

根据式（2-9）和式（2-11），LED 的调制带宽也可以表示为

$$f_{3\,dB}=\frac{1}{2\pi}[\frac{1}{\tau_{nr}}+B(N_0+P_0+\Delta p)]\qquad(2\text{-}12)$$

从式（2-12）可以看出，增加有源区的空穴浓度能够降低载流子寿命，因此，向 LED 的 MQW 中注入更高的空穴浓度也可以提高其响应速度。

2.2　表面等离激元增强 LED 的设计与制备

2.2.1　实现等离子体耦合的 LED 外延结构

采用 SP 耦合改善 LED 的发光效率，就需要改变传统 PN 结 LED 的外延结构。等离子体金属和有源区之间的距离必须在能够实现有效增强的范围之内。本小节中，主要介绍两种用于实现 SP 耦合的 LED 外延结构及其 SP-LED 的设计制备，一种针对常规 p-GaN LED 结构，另一种针对薄 p-GaN LED 结构。

1. 常规 p-GaN LED 中的纳米孔阵列

LED 所需的 p 掺杂层和 n 掺杂层的厚度必须大于各层中的耗尽层厚度，以避免内置电场完全耗尽[27]。为了保证有效的电流扩展和较低的寄生串联电阻，商用蓝色或绿色 LED 通常采用 150 nm 的 p-GaN 厚度，但这个距离远大于 SP 和 QW 耦合的作用范围。此时，p-GaN 表面上的 SP-金属只能与来自 QW 的发射光子作用，而不是与有源区电子-空穴对中存储的能量作用。为了使 SP-金属更接近有源区，常用的

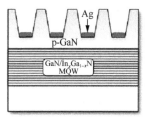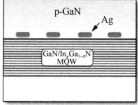

方法如图 2-4 所示。一是对 p-GaN 进行部分蚀刻并将金属沉积在蚀刻区域中，通过纳米孔和金属纳米颗粒尺寸的优化设计，有效增强 LED 的 PL 效率[28-30]如图 2-4（a）所示；二是保持 p-GaN 层厚度不变，在 MQW 生长之后或之前沉积金属，以此来缩短 SP-金属和 QW 间的耦合距离，提高 PL 强度[31-33]如图 2-4（b）和图 2-4（c）所示。这种方法不需要干刻蚀形成纳米图案，能够避免 MQW 损伤降低 LED 电学和光学性能[34-35]，但由于需要中断外延生长，可能会造成来自 SP-金属的腔室污染。

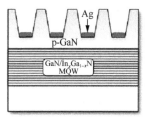

(a) 部分蚀刻 p-GaN 和在孔或沟槽中沉积金属

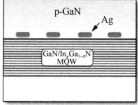

(b) 完成 p-GaN 之前中断外延片生长沉积金属层

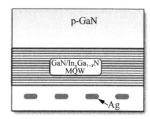

(c) MQW 生长之前沉积金属并随后完成外延生长

图 2-4 在 p-GaN 层较厚的 LED 外延片中实现 SP-金属靠近 MQW 的设计

纳米压印技术常被用于在 LED 外延片上制备纳米孔。图 2-5 给出了采用同一外延晶片制造的 4 个不同样品结构。将外延片表面和 100 nm 蚀刻结构上沉积 150 nm Ag 薄膜分别定义为样品 A 和样品 D，将在纳米孔深度 50 nm 和 100 nm 的外延片上沉积 30 nm 的 Ag 分别定义为样品 B 和样品 C。其中，样品 B 和 C 的 Ag NPs 和 QW 之间距离不同，用以分析较短的耦合距离是否能够导致更大的增强。样品 D 用以研究反射器特性是否与 SP 耦合效应有关。用 405 nm 激光分别从蓝宝石侧对这 4 种样品进行光激发和光收集，以没有 Ag 的样品为对照样品做归一化处理得到 PL 光谱如图 2-6（a）所示。从图中可以看出，样品 A、B、D 的 PL 强度分别增强了 3 倍、1.57 倍和 1.85 倍。样品 C 的 PL 强度明显下降，这可能是由于 QW 附近的表面态引起非辐射复合造成了 PL 强度的降低，也可能是由于金属损耗增加而导致 PL 强度降低[29]。样品 D 的 PL 强度效果不明显，说明 Ag 薄膜在这里不是只简单的起到反射器作用，如果其表面状态发生改变，也会诱发非辐射衰变，导致 PL 强度降低。

为了更好地理解 Ag 薄膜和纳米颗粒对 PL 强度的影响，图 2-6（b）给出了以白光从蓝宝石侧入射得到的反射光谱。从图中可以看出，样品 A 对波长 517 nm 光的反射率为 98%，比对照样品增加了 3.8 倍。由于超晶格结构和 MQW 结构的吸收使得样品 A 对波长 500 nm 以下光的反射率明显降低。样品 B 中，由于 Ag NPs 的影响，其反射率从 11% 增长到 14%，而样品 C 的反射率从 26% 下降到 18%，对照样品的反射率均为 25%。这充分说明深度为 50 nm 的纳米孔能够使反射率增强，而深度为 100 nm 的纳米孔对反射率有明显的抑制作用。样品 D 的反射率在 525 nm、577 nm 和 683 nm 处出现 3 个下降点，在 547 nm 处有一个小峰值。该峰值与图 2-6（a）中显示的 PL 比率峰值一致。在透射和反射光谱中发现的这种特征是由有源区和纳米结构的组合效应引起的。

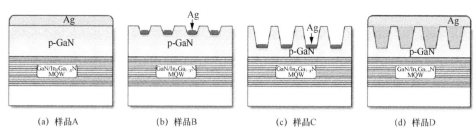

(a) 样品A　　　　(b) 样品B　　　　(c) 样品C　　　　(d) 样品D

图 2-5　同一外延片制备的 4 种不同样品的截面

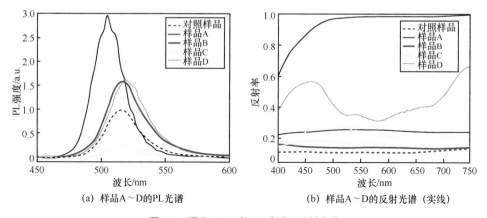

(a) 样品A～D的PL光谱　　　　　(b) 样品A～D的反射光谱（实线）

图 2-6　样品 A～D 的 PL 光谱和反射光谱

2. 薄 p-GaN LED 中的 SPP 耦合

为了维持 10^{17} cm^{-3} 的空穴浓度，p-GaN 中的耗尽层宽度应为 70 nm 左右[36-37]。但研究表明决定耗尽层宽度的是未补偿的 Mg 受主密度而不是空穴浓度，其密度比空穴浓度大两个数量级[38-39]，而耗尽层宽度比预计要低一个数量级[40]。对 InGaN 基表面等离子体 LED 而言，这是一个很重要的特性。30～70 nm 的 p-GaN 厚度能够使整个或部分 MQW 有源区与金属的 SP 模式在 p-GaN 表面耦合。Ag、Au 和 Al 是 SPP

耦合常用的 3 种金属，它们在 GaN 衬底上分别具有约 3.02 eV、2.21 eV 和 4.96 eV 的等离子体能量，其对应光波长分别为 410 nm、560 nm 和 250 nm[41]。由于其激发的 SPP 模式能量小于这些对应波长能量，Au 不能够对绿光 LED 提供 SPP 耦合，而且在 MQW LED 中，最顶端的 QW 将会有最强的耦合强度。

此处以 Ag、Au 和 Al 为例分别研究了金属薄膜对 SPP 耦合的影响，将 GaN 空气界面到 QW 顶端的距离为 30 nm 的 LED 外延片作为实验材料。外延片结构包括 5 nm GaN 覆盖层上的 5 个周期的 12 nm/2 nm GaN/InGaN QW 有源区域、20 nm p-GaN:Mg 和 5 nm 厚的 p+-GaN:Mg p 接触层。金属的沉积采用电子束蒸发技术实现，金属层厚度为 50 nm。图 2-7 分别给出了采用 Ag、Au 和 Al 作为金属涂层得到的 PL 光谱和反射光谱。

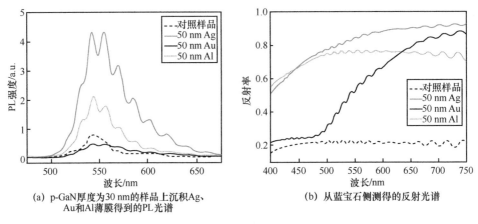

(a) p-GaN厚度为30 nm的样品上沉积Ag、Au和Al薄膜得到的PL光谱

(b) 从蓝宝石侧测得的反射光谱

图 2-7　采用 Ag、Au、Al 作为金属涂层得到的 PL 光谱和反射光谱

从图 2-7（a）的 PL 光谱中可以看出，使用单一的 QW 结构，Ag 薄膜的 PL 效率最高，其次是 Al 薄膜，而采用 Au 薄膜时 PL 效率明显下降。Ag 和 Al 的积分 PL 增强（Integrated PL Enhancement，IPLE）因子分别为 4.0 和 2.6。从图 2-7（b）的反射光谱中可以看到，采用 Ag 和 Al 薄膜时反射率明显提高，而采用 Au 薄膜时，反射率在 500 nm 附近急剧下降，同时出现较弱的透射窗口（如图中 512 nm 处的透射光谱所示）。在图 2-7（a）中可以看到 Au 的 PL 效率在 512 nm 处具有最小值。由此可以看出，由于其波长位于 Au 的表面等离子体波长（约 560 nm）以下，其吸收值与 Au 的 SPP 模式（大 DOS）无关，但不排除缺陷金属表面引起的 SPP 模式的影响[9]。

2.2.2　使用 Ag NPs 的 LSP 耦合

　　获得纳米颗粒的方法有很多种。热退火是获得金属纳米颗粒的一种简单方法，根据退火前薄膜的厚度，将薄膜转变成岛状或团状的纳米结构。通过热退火可以得到粒径、形状和间隔较为均匀的金属纳米颗粒，由此获得 LSP 共振态的分布和扩展。通过改变金属薄膜的厚度可以改变纳米颗粒的尺寸和分布，其中较厚的金属薄膜可以得到较大的金属颗粒[4]。采用电子束或纳米压印光刻也是常用的制备纳米颗粒的方法，但这两种方法的制备成本较高。合成金属颗粒直接涂覆也是常用的方法之一，但市场上通常会采用介电涂层来防止纳米颗粒的氧化，这种金属颗粒使得 LED 的 PL 和 IQE 增强很低[42-44]。纳米球光刻（Nanosphere Lithography，NSL）技术通过使用聚合物纳米球作为掩膜板，在顶部进行金属沉积，然后进行剥离得到纳米颗粒。通过控制聚合物纳米球的大小，可以得到不同尺寸的金属纳米颗粒[45]，这种方法可以有效调整局部表面等离子体共振波长。

　　图 2-8 给出了基于自组装方式通过热退火 Ag 薄膜制备的 Ag NPs 的扫描电子显微镜（Scanning Electron Microscope，SEM）图像。首先在具有 30 nm p-GaN 的多量子阱 LED 的 p-GaN 表面沉积 3 种不同厚度的 Ag 薄膜，然后以 N_2 为保护气将样品在 200℃下退火 30 min，得到具有不同粒径的 3 种样品，分别定义为样品 A、B 和 C。在热退火过程中，Ag 薄膜变成随机大小和间隔的纳米颗粒，随着薄膜厚度的增加，Ag NPs 的尺寸变大，密度降低。样品 A、B 和 C 的平均粒径分别约为 50 nm、120 nm 和 185 nm。

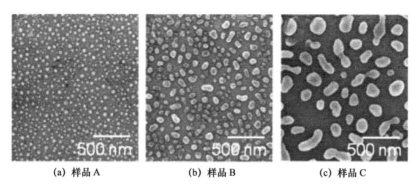

(a) 样品 A　　　　　　　　(b) 样品 B　　　　　　　　(c) 样品 C

图 2-8　以 N_2 为保护气，200℃下退火 30 min 得到的不同厚度 Ag 膜形成的 Ag NPs 的 SEM 图像

反射率是纳米颗粒共振特性的重要指标。图 2-9 给出了白光从具有 Ag NPs 涂层的 LED 抛光蓝宝石侧入射白光得到的反射光谱,其中 Ag NPs 涂层样品均未显示出高于参考值的反射率。由于局部表面等离激元共振的影响,样品 A 的反射率在 482 nm 处出现明显下降。由于等离激元偶极共振的存在,样品 B 在 660 nm 处出现一个微弱下降峰。样品 C 出现了两个特征下降峰,分别位于 442 nm 和 775 nm 处,其中 442 nm 处的下降峰可能与高阶 LSP 模式有关[46-47]。图 2-10 分别给出了 3 种样品的消光光谱(1-T 透光率)。相对于反射光谱,3 种样品的消光光谱峰值均出现不同程度的蓝移,样品 B 和 C 的主要消光峰分别位于 540 nm 和 672 nm 处。

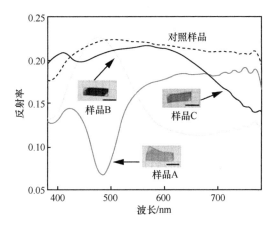

图 2-9　3 种样品的反射光谱

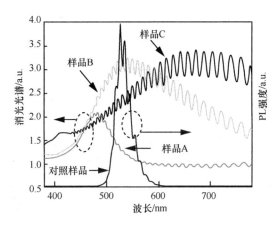

图 2-10　以对照组样品进行归一化后的消光光谱和 PL 光谱

消光峰随金属纳米颗粒平均粒径的增加而发生红移,这与偶极共振的结果一致，即在偶极子模型近似中，峰值随纳米颗粒粒径的增大而红移[48]。受金属纳米颗粒平均粒径影响的 LSPR 也会引起半峰全宽（Full Width at Half Maximum，FWHM）增加。样品 A 中的纳米颗粒尺寸最小，形状最为规则，共振峰的 FWHM 也最小。位于 672 nm 处的样品 C 的共振峰具有最大的 FWHM，其尾部同时覆盖了 MQW 的发射光谱。样品 B 的 LSPR 与 MQW 的发射光谱有一个较好的重叠。因此，样品 B 中 LSP 与 QW 的耦合可能是最明显的。Ag NPs 的参数总结见表 2-1。

表 2-1 样品 A、B 和 C 的 Ag 薄膜厚度、NPs 尺寸、密度及 LSPR 位置关系

样品	Ag 薄膜厚度/nm	尺寸/nm	密度/（$10^{-9}cm^{-2}$）	LSPR/nm
A	4.0	20～50	29.0	482
B	9.5	25～120	8.9	540
C	17.0	55～185	1.5	672

以没有 Ag NPs 的裸 LED 为参照，室温（Room Temperature，RT）和 20 K 温度时 3 种样品的 PL 光谱如图 2-11 所示。激发功率密度为 756 W/cm²。在室温下，样品 A 的 PL 强度几乎没有增强，而样品 B 和 C 能够表现出明显的 PL 增强。因此通过增加 Ag 薄膜的厚度，得到较大的 Ag NPs 平均粒径可以导致 PL 强度的增加。样品 A～C 的 PL 强度分别增强了 1.25 倍、2.59 倍和 6.02 倍。除了 LSP-QW 的耦合因素，PL 强度的增加也可能存在其他机制。激发光在 p-GaN 表面的反射、QW 的发射光在表面的反射以及两者叠加得到的 PL 增强。与图 2-9 反射光谱中的对照样品相比，p-GaN 表面的 Ag NPs 不会引起反射增强，而在激发波长 405 nm 下，反射率增强了 10%，这个不显著的增强因子在图 2-11 中也有所显示。

假设非辐射复合在低温下失效，IQE 可以通过温度依赖的积分 PL 强度 I 获得。20 K 时，假设 IQE 为 100%，室温下的 IQE 即为 IQE=I_{295K}/I_{20K}。随着温度升高，PL 强度随非辐射复合的激活而降低。在对照样品中，发射光波长 530 nm 时的 IQE 为对照样品的 19.3%。低温 PL 光谱如图 2-11（b）所示。样品 A 的 PL 强度明显低于对照样品，样品 B 的 PL 强度与对照样品大致相同。样品 C 在低温下的 PL 光谱增强了 2.33 倍。这些结果表明，样品 C 的 RT-PL 增强并不完全是由于 LSP-QW 耦合。低温下的 PL 强度变化可归因于 LSP-TIR 耦合对光引出效率（Light Extraction Efficiency，LEE）的影响[49-50]。由于样品 A 中小尺寸纳米颗粒的强吸收，低温下 PL 强度降低。

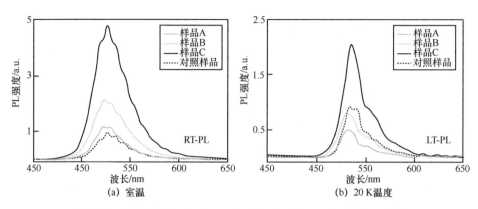

图 2-11　室温和 20 K 时，有 Ag NPs 的 InGaN/GaN MQWs 的 PL 光谱

通过测量 PL 强度与温度的关系，对各种 Ag NPs 的 LED 的 IQE 进行分析，结果如图 2-12 所示。低温下的 LSP-QW 耦合可以忽略不计，因此对 Ag NPs 涂覆的样品 IQE 仍可以近似为 100%。当激发功率密度为 756 W/cm^2 时，以同样的方式估计样品 A～C 的 IQE，分别可以得到 26.1%、26.4%和 44.2%的增强。表 2-2 对 IQE 的增强因子进行了总结。

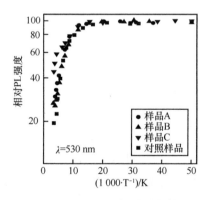

图 2-12　相对 PL 强度的温度依赖性

表 2-2　Ag NPs 引起的增强参数

样品	平均尺寸/nm	PL 增强 [1]	LEE 增强	高功率 [2] IQE 增强	低功率 [2] IQE 增强
A	50	1.25	0.93	1.35	1.10
B	120	2.59	1.90	1.36	1.71
C	185	6.02	2.63	2.29	8.12

注：1. 温度为 295 K，激发功率为 756 W·cm^2。
　　2. 高功率：756 W·cm^2，低功率：1 W·cm^2。

样品 A 的 IQE 几乎等于样品 B 的 IQE，并且高于对照样品的 IQE，这与图 2-11 的 PL 强度中观察到的结果相反。积分 PL 强度与 EQE 成正比，EQE 包含了 IQE 和 LEE 的影响，即：EQE = IQE×LEE。积分 PL 和 IQE 增强因子之间的差异表明样品 A～C 的 LEE 变化。样品 A 的 IQE 增强高于 IPLE，说明 LEE 降低。样品 B 和 C 的 IPLE 比 IQE 增强更明显，说明 LEE 增强。假设积分 PL 强度与 EQE 成比例，则可以通过 IPLE 和 IQE 增强之间的比率来估计 LEE 增强。IPLE 可表示为

$$\frac{I_{Ag}}{I_{ref}} = \frac{LEE_{Ag}}{LEE_{ref}} \times \frac{IQE_{Ag}}{IQE_{ref}} \qquad (2-13)$$

样品 A～C 的 LEE 增强见表 2-2，样品 B 和 C 分别表现出 1.90 和 2.63 倍的 LEE 增强，而样品 A 的 LEE 增强较低。LEE 增强来源于 Ag NPs 对激发光和发射光的散射作用。

从外延生长开始，铟组分在整个晶片上以圆形轮廓不断变化。因此对照样品和样品 A～C 的峰值波长和强度也随之变化。通过改变激发光在样品上的位置，可以相应地改变 PL 光谱的峰值波长，大致为 516～538 nm。这将能够得到不同峰值波长下的 Ag NPs 增强。利用这一事实，可以在不同的发射峰波长下测量 IQE，如图 2-13 所示。对于对照样品，由于样品中铟组分的增加，IQE 随着波长的增加而下降。

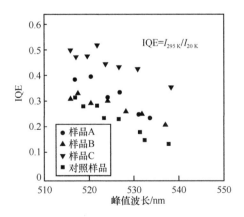

图 2-13　在 295 K 时，IQE 与发光峰值波长的关系

图 2-14 给出了 IQE 增强随峰值波长的变化关系。具有 Ag NPs 的样品的趋势是

随着峰值波长的增加，IQE 增强因子变大。从 516～538 nm，样品 A 和 B 的增强因子分别为 1.2～1.5 和 1.0～1.5。而样品 C 是从 1.5 增加到 2.6。这与预期的由 LSP 耦合引起的生长 IQE 越低，增强因子越高的趋势一致。图 2-15 原始（即对照样品）IQE 的增强变化曲线进一步给出了例证。

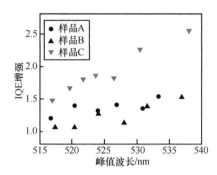

图 2-14　IQE 增强与峰值波长的关系

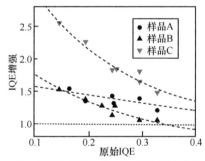

注：虚线为根据式（2-14）得到的拟合曲线

图 2-15　IQE 增强与原始 IQE（对照样品的 IQE）的关系

为了进一步理解以上所观察到的趋势，单个纳米颗粒的 IQE 增强因子 K 可以表示为[51]

$$K = \frac{\eta_i'}{\eta_i} = \frac{1 + F_p \eta_r}{1 + F_p \eta_i} \tag{2-14}$$

其中，$F_p = k_{sp} / k_{rad}$ 表示 Purcell 增强因子，η_r 表示 LSP 模式的辐射效率，η_i 表示原始 IQE。从式（2-14）中可以看出，IQE 增强要求 $K>1$，也就是 LSP 模式的辐射效率必须大于原始 IQE，即 $\eta_r > \eta_i$。根据式（2-14）对图 2-15 进行拟合，可以得到 Purcell 因子和 Ag NPs 的辐射效率，具体见表 2-3。其中样品 C 中 Ag NPs 的 Purcell

增强因子为 7.5，LSP 辐射效率为 58%。所得出的 Purcell 因子同时支持了前文中 PL 增强的测试结果。

表 2-3　IQE 增强随原始 IQE 变化的拟合参数（拟合质量以 R^2 值表示）

样品	拟合参数变化（波长）			拟合参数变化（波长和功率）		
	η_r	F_p	R^2	η_r	F_p	R^2
A	0.65	1.2	0.56	—	—	—
B	0.34	4.4	0.91	0.38	2.4	0.77
C	0.58	7.5	0.96	0.45	26.5	0.95

图 2-16（a）给出了 IQE 与激发功率密度之间的关系，进一步解释了等离子体耦合能够引起 IQE 增强的结论。当发射波长为 530 nm 时，对照样品的 IQE 随激发功率密度的增加而增加。这种效应归因于随载流子密度增加引起的量子限制斯塔克效应（Quantum Confined Stark Effect，QCSE）的库仑屏蔽。图 2-16（b）显示了随激发功率密度变化的 IQE 增强因子。样品 A 和 B 的趋势为随着功率密度的增加而增加，而样品 C 呈现出相反趋势，同时样品 A 和 B 的增强因子在高功率密度下较为接近。

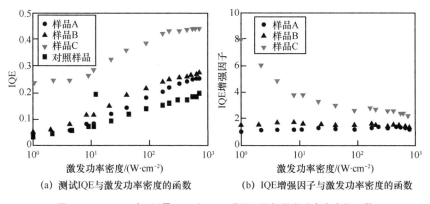

(a) 测试 IQE 与激发功率密度的函数　　(b) IQE 增强因子与激发功率密度的函数

图 2-16　295 K 时，测量 IQE 和 IQE 增强因子与激发功率密度的函数

从图 2-16 中可以看出，随激发功率密度的增加 IQE 增强效果下降。将图 2-16 中的 IQE 增强因子作为原始 IQE 的函数，得到图 2-17 的结果。比较图 2-14、图 2-15 和图 2-17 可以发现，样品 A 和 B 通过这两种方法得到的结果几乎一致。而对于样品 C，这两种方法得到的结果呈现出相反的趋势。根据式（2-14）对图 2-17 的结果进行拟合可以得到，样品 C 的 Purcell 增强因子 F_p 为 26.5，而样品 B 的 Purcell 增强因子 F_p 为 2.4。与图 2-15 中显示的 Purcell 因子被限制在原始 IQE 的有限范围（0.15～0.32）内不同，因此，图 2-17 中的 Purcell 因子估计值更准确。

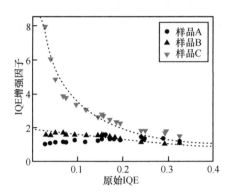

图 2-17　IQE 增强因子随原始 IQE 的变化

2.2.3　电驱动表面等离激元增强 LED 的设计与制备

将 LED 外延片置于丙酮和异丙醇（Isopropanol，IPA）中分别浸泡 5 min 和 1 min，并用去离子水清洗干净，用 N_2 吹干备用。采用等离子体增强化学气相沉积（Plasma Enhanced Chemical Vapor Deposition，PECVD）法在 LED 外延片表面沉积 200 nm 的 SiO_2，并采用 5% HF 溶液湿刻法得到 Mesa 图形，以 SiO_2 为掩膜，采用电感耦合等离子体（Inductively Coupled Plasma，ICP）对 GaN 层进行刻蚀，直到将 n-GaN 层暴露出来，用 5% HF 去除 SiO_2 层。p-contact 采用 10 nm Ni/40 nm Au 作为电流扩展层实现 p-GaN 的欧姆接触，更多的工艺细节在第 4.2 中描述。将 30 nm Ti/400 nm Au 作为 p-pad 和 n-contact 与 LED 支架实现电气连接的电极材料。Ag NPs 位于 p-contact 层的网格之间，通过在网格之间沉积 Ag 薄膜，在 350℃真空环境中 15 min 快速热退火（Rapid Thermal Annealing，RTA）获得。表面等离激元增强 LED 器件的制备工艺流程如图 2-18 所示。

图 2-19 分别给出了两种结构的表面等离激元增强 LED 的俯视图，分别将这两种器件结构定义为 Mask I 和 Mask II。其尺寸设计见表 2-4。

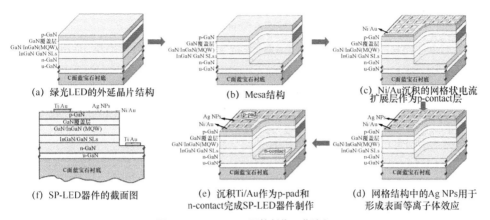

(a) 绿光 LED 的外延晶片结构　　(b) Mesa 结构　　(c) Ni/Au 沉积的网格状电流扩展层作为 p-contact 层

(f) SP-LED 器件的截面图　　(e) 沉积 Ti/Au 作为 p-pad 和 n-contact 完成 SP-LED 器件制作　　(d) 网格结构中的 Ag NPs 用于形成表面等离子体效应

图 2-18　GaN-LED 器件制作工艺流程

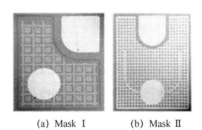

(a) Mask Ⅰ　　(b) Mask Ⅱ

图 2-19　两种不同的 SP-LED 器件结构

表 2-4　两种 SP-LED 的器件设计尺寸

器件结构	器件尺寸/μm	p-contact/μm	p-pad 直径/μm	n-contact/μm
Mask I	210×210	200×200	80	75×75
Mask II	440×354	430×344	120	130×140

2.3　表面等离激元增强绿光 LED 的电学表征及其在可见光通信中的应用

2.3.1　表面等离激元增强 LED 的电学特性

本小节中,以 Mask I 的器件结构为基础,制备了 4 个不同的样品以研究 SP-QW 的耦合的有效性和 Ag NPs 与 QW 之间的距离对 QW-SP 的影响。图 2-20 给出了这 4

种 LED 电流扩展层的表面结构。对这 4 个样品的定义如下。

Grid-LED：没有 Ag NPs，作为对照。

SP-LED A：Ag NPs 以退火 5 nm Ag 薄膜形成。

SP-LED B：Ag NPs 以退火 15 nm Ag 薄膜形成。

SP-LED C：Ag NPs 以退火 15 nm Ag 薄膜形成，但在 p-GaN 层和 Ag 薄膜之间生长了一层 15 nm 的 SiN 层作为介电层。

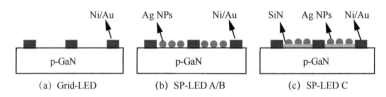

(a) Grid-LED   (b) SP-LED A/B   (c) SP-LED C

图 2-20   4 种 LED 电流扩展层的表面结构

图 2-21（a）和图 2-21（b）给出了 Grid-LED 和 SP-LED 的俯视图。从图 2-21（b）中可以看出，网格状电流扩展层中间有明显的 Ag NPs 沉积。图 2-21（b）中的放大框图中给出了 Ag NPs 的 SEM 图像。图 2-21（c）～（f）分别给出了注入电流为 20 mA 时 Grid-LED 和 SP-LED A、SP-LED B、SP-LED C 的发光效果。从图中可以看出，SP-LED B 的发光面积略大于其他样品。这一点将在下文的 EL 测试结果中得到印证。

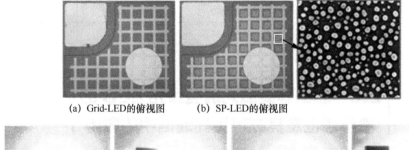

(a) Grid-LED的俯视图   (b) SP-LED的俯视图

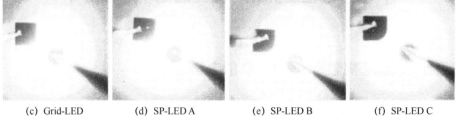

(c) Grid-LED   (d) SP-LED A   (e) SP-LED B   (f) SP-LED C

图 2-21   Grid-LED 和 SP-LED 的俯视图及注入电流为 20 mA 时的发光效果

图 2-22 所示为通过使用 Keithley 源测量单元设备获得的 4 种 LED 样品的电流-电压 I-U 曲线。从正向驱动电压下的 I-U 曲线可以看出，电流随电压呈指数增长，这遵从于二极管的伏安特性曲线[52]。

$$I = I_0(e^{\frac{qV}{nk_BT}} - 1) \qquad (2\text{-}15)$$

其中，I_0 为饱和电流；q 为电子电荷，$q = 1.602 \times 10^{-19}$ C ；V 为偏置电压；k_B 为玻耳兹曼常数，$k_B = 1.38 \times 10^{-23}$ J/K ；T 为热力学温度，当室温为 25℃时，T=273+25=298 K ；n 为理想因子，对理想 LED 而言，n 接近于 1.0。

从图 2-22 可以看出，在正向偏压下，当对照组 Grid-LED 的开启电压为 2.38 V 时，实验组 SP-LED A、SP-LED B 和 SP-LED C 的开启电压分别为 2.10 V、2.15 V 和 2.19 V。由此可见，Ag NPs 的存在对 LED 的开启电压影响不大。LED 器件开启后，电流随电压呈线性增长。在线性增长区，通过线性拟合计算可以得到有 Ag NPs 的 SP-LED A、SP-LED B 和 SP-LED C 的串联电阻分别为 72.06 Ω、52.22 Ω 和 70.59 Ω，而 Grid-LED 的串联电阻均大于 SP-LED 的串联电阻，大约为 81.10 Ω。由此可知，Ag NPs 的引入可以降低器件的串联电阻，这种效应在 Ag NPs 粒径较大时表现更为明显。但是当有 SiN 介电层存在时，LED 的串联电阻增大，这可能是由于 SiN 层的制备方式造成的。在 SiN 层的制备过程中，首先是将介电层 SiN 层沉积在整个 p-GaN 层的表面，然后在 p-contact 生长前用 5%HF 溶液刻蚀得到 p-contact 的栅格结构，因此，在刻蚀 SiN 时，有可能存在 p-contact 的栅格结构下方有 SiN 残留的情况，这也可能导致样品之间串联电阻随机性的问题。

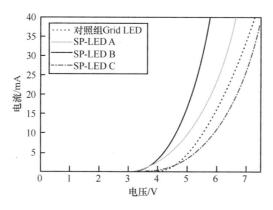

图 2-22　4 种 LED 的 I-U 特性曲线

  LED 的发光源自于载流子的辐射复合。因此，LED 的发光效率与载流子密度成正比。当通过外部电压源向 LED 器件注入载流子时，辐射复合 τ_r 导致发光，而非辐射复合 τ_{nr} 导致发热。从图 2-22 的 *I-U* 曲线和式（2-15）可以看出，SP-LED B 具有较高的载流子注入密度，也就意味着其具有更高的净复合速率。在本小节的 EL 测量中，探测器位于抛光的蓝宝石一侧。在 20 mA 的偏置电流下，LED 样品的 EL 光谱如图 2-23 所示，以对照组的 Grid-LED 为基准，对实验组 LED 器件的 EL 光谱进行归一化处理。从图中可以看出，没有 SiN 作为介电层的 SP-LED B 的 EL 强度比 Grid-LED 增强了 1.85 倍，而 SP-LED A 的 EL 强度仅增强了 1.21 倍。有趣的是，当 Ag NPs 的粒径大小一样时，这种增强效果受到了介电层 SiN 的影响。当在 Ag NPs 和 p-GaN 之间插入 15 nm SiN 层时，EL 强度相对于 Grid-LED 仅增强了 1.63 倍。这验证了耦合强度随 QW 和 Ag NPs 之间距离的增加而减小的理论[42]。这种趋势采用 15 nm Ag 薄膜，在有或没有 15 nm SiN 层的绿光 LED 外延片上得到的 PL 光谱结果一致。

  如图 2-23 所示，LED 器件的发光峰在 2.32 eV（即 534 nm）左右。以 Grid-LED 为对照，SP-LED 的发光波长没有显著的偏移，说明 Ag NPs 并不能引起 LED 器件的发光波长变化。当在正向偏压下注入载流子时，2.32 eV 处的 EL 峰可归因于辐射复合。当注入电流小于 1 mA 时，则无法检测到 EL 光谱，这种现象可归因于在空间电荷区中非辐射复合中心的存在为注入电流提供了分流路径[13]。当我们保持注入电流为 20 mA 时，相对于 SP-LED A 和 SP-LED C，SP-LED B 表现出了更高的 EL 发光强度。

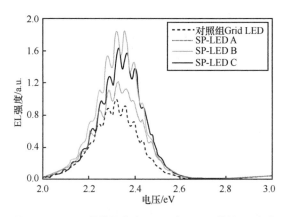

图 2-23　20 mA 的偏置电流下，4 种 LED 器件的 EL 光谱

图 2-24 给出了不同注入电流时 LED 器件的相对输出光功率。从图中可以看出，在不同注入电流时，具有 Ag NPs 的 SP-LED 器件的光输出功率总是大于对照组 Grid-LED。SP-LED B 的线性范围比其他 SP-LED 均大一些，其线性范围为 5～70 mA。以对照组 Grid-LED 为基准对 SP-LED 的 P-I 曲线进行归一化处理，可以看到 SP-LED 在 60 mA 注入电流时的光输出功率分别为 Grid-LED 的 1.47 倍、1.96 倍和 1.31 倍。由此可以表明，Ag NPs 的 SP 效应可以有效提高 LED 器件的光输出功率。SP-LED A、SP-LED B 和 Grid-LED 可以在注入电流为 50 mA 时长时间持续点亮。而有 15 nm SiN 层的 SP-LED C 则很容易烧坏，这可能是由于 SiN 本身有一定的绝热效果，导致 LED 器件不能很好地散热引起热量过高而死灯，这个问题应该可以通过增加散热装置或在测量中采用温度控制系统来解决。

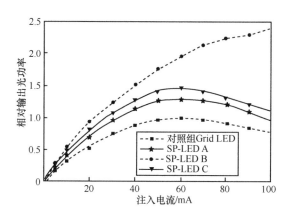

图 2-24　相对输出光功率与 LED 器件注入电流之间的关系

为了评估 Ag NPs 引起的 LED 器件辐射复合寿命降低和 SP 效应对 PL 增强的影响，少数载流子寿命的测量由时间分辨的 PL 测试系统来完成。图 2-25 给出了时间分辨的 PL 的测试系统原理。此测试系统需要借助光学显微镜的测试平台，将待测样品放置于光学显微镜平台的样品台上，由皮秒脉冲光源激发出绿光。皮秒脉冲光源由激光驱动器控制，其中 FWHM 为 44 ps，中心波长为 375 nm。光学显微镜同时用于激发光束在 LED 晶片上的定位和发射光子的接收。在本实验中，选用 50 倍物镜来收集单个 LED 器件的激发光子。激发源的脉冲重复频率为 2.5 MHz。激发的光子通过显微镜后由光电倍增管（Photomultiplier Tube，PMT）探测，PMT 的有效传感面积为 3 mm。最后，LED 的 PL 光谱随时间的衰落情况由集成在计算机主机箱中的单光子计数器记录。

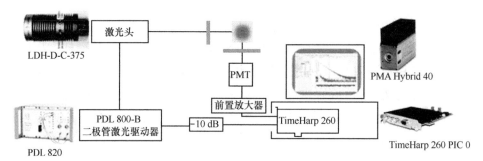

图 2-25　时间分辨的 PL 的测试系统

图 2-26 显示的是室温下 3 种 SP-LED 器件和 Grid-LED 的时间分辨的 PL 衰落曲线，其中点线为测量曲线，实线为采用二次指数衰落拟合后得到的拟合曲线。二次指数衰落的拟合函数可以表示为

$$I(t) = A_1 e^{(-t/\tau_1)} + A_2 e^{(-t/\tau_2)} \qquad (2\text{-}16)$$

其中，慢速衰落寿命 τ_1 与量子限制斯塔克效应有关[18]，而快速衰落寿命 τ_2 与 LED 的辐射复合和非辐射复合有关。

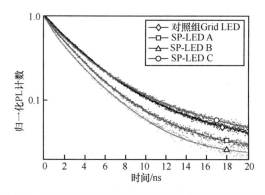

图 2-26　室温下不同 LED 器件的时间分辨的 PL 测试结果

表 2-5 给出了根据式（2-16）拟合后 LED 器件的载流子寿命和根据式（2-12）计算得到的 3 dB 调制带宽结果。从表 2-5 中可以看出，当 p-GaN 上制备有 Ag NPs 时，LED 器件的 PL 衰落寿命比没有 Ag NPs 时要短，而采用了 15 nm Ag 薄膜作为退火层的 SP-LED B 的载流子复合寿命是最短的，这是由于过剩的空穴浓度 Δp 与载流子辐射复合寿命成反比引起的。从式（2-10）中也可以看出，SP-LED C 中 SiN 层

的存在对载流子的复合是不利的。从表 2-5 的结果中可以看到，SP-LED A、SP-LED B 和 SP-LED C 的 3 dB 调制带宽分别为 96.67 MHz、201.13 MHz 和 81.54 MHz，相对于没有 Ag NPs 的 Grid-LED 分别增加了 1.33 倍、2.75 倍和 1.12 倍。具有 Ag NPs 的 SP-LED 的 3 dB 调制带宽的这种增强表明 QW-SP 耦合不仅可以有效地提高 LED 器件的辐射复合速率，而且可以有效地缩短载流子的辐射复合寿命。具有 15 nm SiN 层的 SP-LED C 表现出了较差的调制性能，是因为其较低的载流子注入效率，这一点从 LED 器件的 *I-U* 曲线中也可以得到说明。

表 2-5　不同 LED 器件的载流子寿命和 3 dB 调制带宽

样品	τ_1/ns	τ_2/ns	$f_{3\,dB}$ / MHz
Grid-LED	13.62	2.18	72.92
SP-LED A	3.69	1.65	96.67
SP-LED B	2.40	0.79	201.13
SP-LED C	6.67	1.95	81.54

这些结果完全符合采用 SPP 效应同时增强 LED 发光效率和调制性能的预期。由于 QW 中的电子–空穴对（激子）位于金属纳米颗粒引起的等离激元模式的近场区域中，通过等离子激元发射出来的光子能够在 Ag NPs 下方的区域中有效地复合，因而载流子寿命相应缩短。作为这诸多效应的结果，LED 器件中 Ag NPs 的应用可以减少载流子在非辐射复合过程中的浪费，使尽量多的载流子用于辐射复合发光。下面讨论 p-GaN 厚度及 Ag NPs 对表面等离激元增强 LED 性能的影响。

以 Mask II 的器件结构为基础，采用 3 种不同 p-GaN 厚度的外延片分别制备了 Grid-LED 和 SP-LED 用于比较不同 p-GaN 厚度对 SP-LED 器件性能的影响。Mask II 的器件尺寸见表 2-4。图 2-27 分别给出了没有注入电流和注入电流为 1 mA 时，Grid-LED 的发光效果。与 SP-LED 器件的制备方式一样，Ag NPs 位于网格状 p-contact 的栅格之间，所用 Ag 退火膜厚度为 15 nm。

3 种不同 p-GaN 厚度的 Grid-LED 和 SP-LED 器件的 *I-U* 曲线如图 2-28 所示，同时，表 2-6 中分别给出了这 3 种 p-GaN 厚度的外延片上 LED 器件的开启电压和串联电阻。从图 2-28 中可以看出，这几种不同 p-GaN 厚度的 LED 器件的伏安特性并没有明显的区别。当 p-GaN 厚度为 50 nm 和 70 nm 时，Ag NPs 的存在对 LED

器件的 *I-U* 特性并没有明显影响，而当 p-GaN 厚度为 30 nm 时，SP-LED 的开启电压（3.09 V）略低于 Grid-LED 的开启电压（3.5 V），但其串联电阻（13.9 Ω）却大于 Grid-LED 的串联电阻（12.8 Ω）。考虑到上文中的测试结果，此处的差异应该是由器件制备过程中的差异性引起的，而非受到 p-GaN 厚度或 Ag NPs 的 SP 效应影响。

(a) 点亮前的 Grid-LED 俯视图　　　(b) 注入电流为 1 mA 时，Grid-LED 的发光俯视图

图 2-27　没有注入电流和注入电流为 1 mA 时，Grid-LED 的发光效果

图 2-28　3 种 p-GaN 厚度的 LED 器件的 *I-U* 曲线

（虚线分别表示 Grid-LED，实线分别表示 SP-LED）

表 2-6　3 种 p-GaN 厚度的 LED 器件的开启电压和串联电阻

p-GaN 厚度		30 nm p-GaN	50 nm p-GaN	70 nm p-GaN
开启电压/V	Grid LED	3.50	2.80	3.10
	SP-LED	3.09	2.90	3.10
串联电阻/Ω	Grid LED	12.80	12.00	11.70
	SP-LED	13.90	12.40	11.50

图 2-29 中分别给出了 3 种 p-GaN 厚度的 LED 器件注入电流为 100 mA 时的 EL 光谱和 *P-I* 曲线。表 2-7 分别给出了不同 p-GaN 厚度时 SP-LED 器件的发光参数。从 LED 器件的 EL 光谱和 *P-I* 曲线可以看出，当 p-GaN 厚度为 30 nm 和 50 nm 时，具有 Ag NPs 颗粒的 SP-LED 表现出了明显的光强增强效果。从表 2-7 中可以看到，当 LED 器件的注入电流为 100 mA 时，SP-LED 的 EL 强度分别是 Grid-LED 的 1.67 倍和 1.84 倍，而当 p-GaN 厚度为 70 nm 时，SP-LED 却表现出了 EL 强度的下降，这是由 QW-SP 的耦合距离变长导致表面等离子效应不明显，载流子的辐射复合发光降低引起的。从 LED 的 *P-I* 曲线中也可以得到 30 nm、50 nm 和 70 nm p-GaN 厚度的 SP-LED 器件的线性工作范围分别为 10～150 mA、10～200 mA 和 10～150 mA。不同 p-GaN 厚度时 Grid-LED 或 SP-LED 器件所表现出的光强差异和发光波长的变化可能是由外延片的生长质量引起的，在此我们不做讨论。

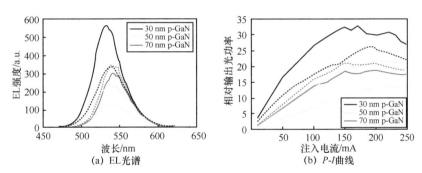

(a) EL光谱　(b) *P-I*曲线

图 2-29　3 种不同 p-GaN 厚度 LED 器件注入电流为 100 mA 时的 EL 光谱和 *P-I* 曲线

（虚线分别表示 Grid-LED，实线分别表示 SP-LED）

表 2-7　3 种 p-GaN 厚度的 SP-LED 器件的发光参数

p-GaN 厚度/nm	EL 强度增强	波长/nm（Grid-LED）	波长/nm（SP-LED）	线性范围/mA（R-sqr >0.95）	拐点位置/mA
30	1.67	541	532	10～150	150
50	1.84	538	538	10～200	220
70	0.87	539	541	10～150	150

为了研究不同 p-GaN 厚度时，SP-LED 器件的 3 dB 调制带宽特性，同样通过时间分辨的 PL 测试系统对少数载流子寿命进行了测量。由于 Mask Ⅱ 的器件尺寸比较大，此处采用了 20 倍的物镜用于器件的定位和激发光子的收集。图 2-30 和表 2-8 分别给出

了时间分辨的 PL 测试曲线、二次指数衰落拟合曲线和拟合结果。根据拟合结果,我们可以看到不同 p-GaN 厚度时,SP-LED 分别表现出了载流子寿命的降低,其 3 dB 调制带宽相应有所提高,分别为 Grid-LED 的 1.06 倍、1.17 倍和 1.06 倍,这与文中的趋势相一致。同时,50 nm p-GaN 的 LED 器件表现出了最优的调制性能,SP-LED 的 3 dB 调制带宽理论值可达 409.1 MHz。由此可见,在这 3 种 LED 外延片中,50 nm 的 p-GaN 厚度更有利于 QW-SP 的耦合,更适合于高速 SP-LED 的制备。

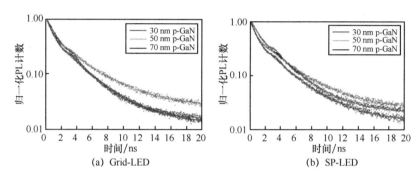

图 2-30 不同 p-GaN 厚度时,LED 器件的时间分辨的 PL 测试结果

表 2-8 不同 p-GaN 厚度时,LED 器件的载流子寿命和 3 dB 调制带宽

p-GaN 厚度/nm	Grid-LED			SP-LED			调制带宽增强
	τ_1/ns	τ_2/ns	$f_{3\,dB}$/MHz	τ_1/ns	τ_2/ns	$f_{3\,dB}$/MHz	
30	2.02	0.55	286.80	2.19	0.52	303.90	1.06
50	2.75	0.45	350.50	2.57	0.39	409.10	1.17
70	2.41	0.51	310.80	2.40	0.48	330.40	1.06

2.3.2 表面等离激元增强 LED 在可见光通信中的应用

1. 表面等离激元增强 LED 器件的封装设计和制作

LED 器件只是一块很小的固体,两个电极要在显微镜下才能看到,注入电流后才会发光。因此,对 LED 器件进行封装是将新型 LED 器件应用于 VLC 系统的必经之路。随着 LED 低成本、高功率化、高效化、高可靠性的不断发展,对封装技术的要求也越来越苛刻,尤其是对封装材料和封装工艺的要求。在 LED 的封装工艺中,除了要对 LED 器件的两个电极进行焊接,引出正极和负极外,还需要对 LED 器件

和两个电极的电气连接部分进行保护，提高光引出效率。对 LED 封装的原则主要包括：实现电信号的输入、保护 LED 器件的正常工作和保证其可见光的输出功能等，这其中既有电学参数又有光学参数的设计和技术要求。LED 的封装形式五花八门，根据不同的应用场景需要采用不同的尺寸、外形、散热对策和出光效果。LED 封装先后经历了支架式 LED、贴片式 LED、功率型 LED 等发展阶段。现在，LED 的封装已经发展的较为成熟，在这里我们以大功率-仿流明 LED 的封装形式为例进行简单介绍。

　　图 2-31 给出了仿流明 LED 的封装流程及各个封装环节所对应的实物照片，此封装结构中 LED 器件采用正装方式被固晶在 LED 支架的反光杯中。其封装流程包括：器件制备、划片、固晶、打线、加盖透镜和灌封固化等。在此封装流程中，用于电连接的金线需要从 LED 器件的衬垫上跨过反光杯到支架的电极上，这种电连接方式在操作时需要注意保护金线不能被压断。最后一步中所采用的透镜为空心玻璃透镜，灌封并固化后可以形成朗伯体透镜结构。以下将对 LED 的封装流程进行阐述。

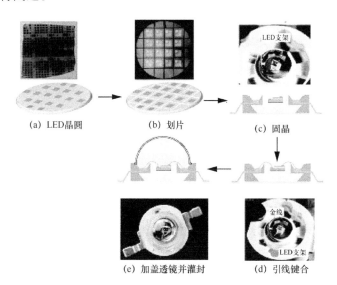

图 2-31　仿流明 LED 的封装流程及各环节对应的实物照片

（1）划片

　　划片是指将每一个具有独立电气性能的 LED 芯片分离出来的过程。划片技术是GaN 基 LED 器件大规模生产中十分重要的一个环节，其影响着产品的投入产出率以及能否实现规模化生产。目前常用的划片方式有激光划片和机械划片两种。激光划片是采用一定波长（通常是 355 nm 或 266 nm）的激光聚焦在晶片表面，在极短时间内释放大量热量使材料熔化甚至气化，配合激光头或晶片的移动，形成切割痕迹。这种方式加工精度高、速度快、稳定性好，但成本也较高。机械划片虽然速度慢，但成本相对较低，目前仍为非精密 LED 加工中的主流划片方式。

（2）固晶

将单个的 LED 器件放置到提前沉积有固晶胶的 LED 支架反光杯内。固晶胶一般需要冷冻保存以保证其流动性，使用之前，先解冻至室温。

（3）引线键合

引线键合主要用于实现 LED 器件到 LED 支架的电气连接，此环节主要依靠引线键合机来完成。引线键合所用参数需要每次根据 LED 器件的表面金属材料性能及设备状态进行调整。对于仿流明 LED 支架，金线需要跨过反光杯沿，线弧较大，因此在打线时需要注意留有足够的金线长度并且在后续的加盖透镜和灌封过程中小心保护金线，防止器件断路。

（4）加盖透镜并灌封

此步骤主要为实现对 LED 器件和两个电极的电气连接部分的保护。在仿流明 LED 中，透镜对 LED 灯珠发出的光具有汇聚效果，可以提高 LED 灯珠的发光强度，利于封装 LED 的 VLC 应用。在灌封过程中，要缓慢注入硅胶，尽量避免气泡的产生。气泡的存在对 LED 封装灯珠的可靠性具有极其恶劣的影响。由于不同环境下的温度和湿度不同，加之 LED 器件点亮后其本身各部分的热胀冷缩及内应力的差异等，LED 封装器件中的气泡会不断影响电子传输，破坏灯珠的内部结构，最终使整个 LED 灯珠出现漏电及死灯现象。

2. 表面等离激元增强 LED 的可见光通信应用

LED 的调制带宽是指 LED 器件加载调制信号时，能够承载信号的最大频带宽度，一般定义为输出交流光功率下降到一定低频参考频率值的一半时的频率。LED 调制带宽是影响 VLC 信道容量和传输速率的决定性因素之一[8]。通常采用对 LED 器件注入直流电的同时加载模拟信号（如正弦信号）的方法，通过测量光功率信号随频率的变化来确定 LED 的调制带宽[52]。图 2-32 给出了 LED 器件调制特性的测试系统原理。该系统的核心是矢量网络分析仪（Vector Network Analyzer，VNA），其将信号产生、探测及信号处理集成到一起，以实现更高频率的测试。当使用 VNA

测试 LED 调制带宽时，主要关注 VNA 的 S21 参数，即端口 2 的输出功率与端口 1 的输入功率之比。

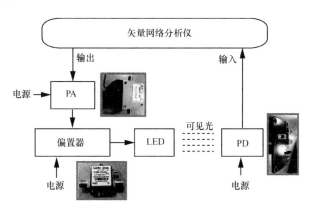

图 2-32　LED 的带宽测试原理

图 2-33 分别给出了绿光 LED 外延片 p-GaN 层厚度为 30 nm 和 70 nm 时 Grid-LED、SP-LED 的封装灯珠和带宽测试结果。从图中可以看出，当 p-GaN 厚度为 30 nm 时，器件表面有 Ag NPs 的 SP-LED 的 10 dB 调制带宽为 152 MHz，比没有 Ag NPs 的 Grid-LED 的 92 MHz 调制带宽高 60 MHz。当 p-GaN 厚度为 70 nm 时，器件表面有 Ag NPs 的 SP-LED 的 10 dB 调制带宽为 102 MHz，比没有 Ag NPs 的 Grid-LED 的 79 MHz 调制带宽高 23 MHz。这些测试结果很好地验证了根据时间分辨的 PL 测试结果和载流子衰落寿命计算出的 LED 器件调制带宽的变化趋势，进一步印证了 SP 效应在可见光通信高速 LED 方面的应用优势。

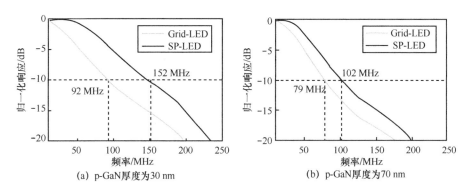

图 2-33　Grid-LED 和 SP-LED 的频率响应曲线

  图 2-34 给出了商用 pc-LED 和 RGB-LED 的频率响应曲线，从图中可以看出 pc-LED 的频率响应性能最差，这是由于黄色荧光粉的受激发光是一个相对缓慢的过程，而且信号会有较长的拖尾，影响整个系统的调制速率，从而导致 pc-LED 的有效带宽极为有限。而 RGB-LED 中红光 LED 和蓝光 LED 的频率响应性能相对于绿光 LED 要好一些，但从图中可以看出 4 条曲线的 10 dB 带宽都在 5~20 MHz 范围内，从整体上看，基于 LED 调制的 VLC 系统的有效带宽仍非常有限，这极大限制了高速 VLC 的应用。从商用 LED（如图 2-34 所示）和表面等离激元增强绿光 LED（如图 2-33 所示）的频率响应曲线中，可以看出，表面等离激元增强绿光 LED 的最低 10 dB 带宽为 79 MHz，比商用蓝光 LED 和红光 LED 的 18 MHz 调制带宽高了 4.39 倍，比商用绿光 LED 的 15.9 MHz 调制带宽高了 4.97 倍，比商用 pc-LED 的 7.2 MHz 调制带宽高了 10.97 倍。

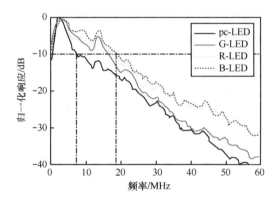

图 2-34 不同商用 LED 的频率响应曲线

| 2.4 本章小结 |

  本章从表面等离激元增强 LED 的基本工作原理、器件的设计与制备、光学及电学特性等几个方面对表面等离激元增强 LED 进行了系统介绍，并结合表面等离激元增强 LED 在可见光通信中应用的相关实验测试结果，讨论了表面等离激元增强 LED 在高速可见光通信系统中应用的巨大潜力。同时，这种新型的高速 LED 器件的制备和封装成功，也将极大地推动高速可见光通信产业的发展。

| 参考文献 |

[1] MURRAY W A, BARNES W L. Plasmonic materials[J]. Advanced Materials, 2007, 19(22): 3771-3782.

[2] YAMAMOTO N, ARAYA K, ABAJO F J G. Photon emission from silver particles induced by a high-energy electron beam[J]. Physical Review B, 2001, 64(20): 205419.

[3] WILLETS K A, VAN D R P. Localized surface plasmon resonance spectroscopy and sensing[J]. Annual Review of Physical Chemistry, 2007, 58: 267-297.

[4] YEH D M, CHEN C Y, LU Y C, et al. Formation of various metal nanostructures with thermal annealing to control the effective coupling energy between a surface plasmon and an InGaN/GaN quantum well[J]. Nanotechnology, 2007, 18(26): 265402.

[5] YEH D M, HUANG C F, CHEN C Y, et al. Localized surface plasmon-induced emission enhancement of a green light-emitting diode[J]. Nanotechnology, 2008, 19(34): 345201.

[6] LIN C H, SU C Y, KUO Y, et al. Further reduction of efficiency droop effect by adding a lower-index dielectric interlayer in a surface plasmon coupled blue light-emitting diode with surface metal nanoparticles[J]. Applied Physics Letters, 2014, 105(10): 101106.

[7] LIN C H, SU C Y, ZHU E, et al. Modulation behaviors of surface plasmon coupled light-emitting diode[J]. Optics Express, 2015, 23(6): 8150-8161.

[8] ZHU S C, YU Z G, ZHAO L X, et al. Enhancement of the modulation bandwidth for GaN-based light-emitting diode by surface plasmons[J]. Optics Express, 2015, 23(11): 13752-13760.

[9] MAIER S A. Plasmonics: fundamentals and applications[M]. Berlin: Springer Science & Business Media, 2007.

[10] PURCELL E M. Spontaneous emission probabilities at radio frequencies[J]. Physical Review, 1946: 681.

[11] ZHU S C, ZHAO L X, YU Z G, et al. Surface plasmon enhanced GaN based light-emitting diodes by Ag/SiO$_2$ nanoparticles[C]// 2014 11th China International Forum on Solid State Lighting (SSLCHINA), November 6-8, 2014, Guangzhou, China. Piscataway: IEEE Press, 2014: 104-106.

[12] OKAMOTO K, KAWAKAMI Y. High-efficiency InGaN/GaN light emitters based on nanophotonics and plasmonics[J]. IEEE Journal of Selected Topics in Quantum Electronics, 2009, 15(4): 1199-1209.

[13] GONTIJO I, BORODITSKY M, YABLONOVITCH E, et al. Coupling of InGaN quan-

tum-well photoluminescence to silver surface plasmons[J]. Physical Review B, 1999, 60(16): 11564.

[14] GREEN R P, MCKENDRY J J D, MASSOUBRE D, et al. Modulation bandwidth studies of recombination processes in blue and green InGaN quantum well micro-light-emitting diodes[J]. Applied Physics Letters, 2013, 102(9): 091103.

[15] LIN C H, CHEN C H, YAO Y F, et al. Behaviors of surface plasmon coupled light-emitting diodes induced by surface Ag nanoparticles on dielectric interlayers[J]. Plasmonics, 2015, 10(5): 1029-1040.

[16] BURDZIŃSKI G, KAROLCZAK J, ZIÓŁEK M. Dynamics of local stark effect observed for a complete D149 dye-sensitized solar cell[J]. Physical Chemistry Chemical Physics, 2013, 15(11): 3889-3896.

[17] MCKENDRY J J D, GREEN R P, KELLY A E, et al. High-speed visible light communications using individual pixels in a micro light-emitting diode array[J]. IEEE Photonics Technology Letters, 2010, 22(18): 1346-1348.

[18] TIAN P, MCKENDRY J J D, GONG Z, et al. Characteristics and applications of micro-pixelated GaN-based light emitting diodes on Si substrates[J]. Journal of Applied Physics, 2014, 115(3): 033112.

[19] LIAO C L, CHANG Y F, HO C L, et al. High-speed GaN-based blue light-emitting diodes with gallium-doped ZnO current spreading layer[J]. IEEE Electron Device Letters, 2013, 34(5): 611-613.

[20] IKEDA K, HORIUCHI S, TANAKA T, et al. Design parameters of frequency response of GaAs-(Ga, Al) As double heterostructure LED's for optical communications[J]. IEEE Transactions on Electron Devices, 1977, 24(7): 1001-1005.

[21] JUN C, GUANG-HAN F, YUN-YAN Z. The investigation of performance improvement of GaN-based dual-wavelength light-emitting diodes with various thickness of quantum barriers[J]. Acta Physica Sinica, 2012, 61(17): 178504.

[22] HUANG S Y, HORNG R H, SHI J W, et al. High-performance InGaN-based green resonant-cavity light-emitting diodes for plastic optical fiber applications[J]. Journal of Lightwave Technology, 2009, 27(18): 4084-4090.

[23] HUANG K, GAO N, WANG C, et al. Top-and bottom-emission-enhanced electroluminescence of deep-UV light-emitting diodes induced by localised surface plasmons[J]. Scientific reports, 2014, 4: 4380.

[24] TSAI C L, Xu Z F. Line-of-sight visible light communications with InGaN-based resonant cavity LEDs[J]. IEEE photonics technology letters, 2013, 25(18): 1793-1796.

[25] IVELAND J, MARTINELLI L, PERETTI J, et al. Direct measurement of Auger electrons

emitted from a semiconductor light-emitting diode under electrical injection: identification of the dominant mechanism for efficiency droop[J]. Physical Review Letters, 2013, 110(17): 177406.

[26] SHEN Y C, MUELLER G O, WATANABE S, et al. Auger recombination in InGaN measured by photoluminescence[J]. Applied Physics Letters, 2007, 91(14): 141101.

[27] BHATTACHARYA P. Semiconductor optoelectronic devices[M]. 2nd, New Jersey: Prentice Hall, 1997.

[28] LU C H, LAN C C, LAI Y L, et al. Enhancement of green emission from InGaN/GaN multiple quantum wells via coupling to surface plasmons in a two‐dimensional silver array[J]. Advanced Functional Materials, 2011, 21(24): 4719-4723.

[29] JIANG S, CHEN Z, FU X, et al. Fabrication and effects of Ag nanoparticles hexagonal arrays in green LEDs by nanoimprint[J]. IEEE Photonics Technology Letters, 2015, 27(13): 1363-1366.

[30] ZHANG H, ZHU J, ZHU Z, et al. Surface-plasmon-enhanced GaN-LED based on a multi-layered M-shaped nano-grating[J]. Optics Express, 2013, 21(11): 13492-13501.

[31] CHO C Y, KWON M K, LEE S J, et al. Surface plasmon-enhanced light-emitting diodes using silver nanoparticles embedded in p-GaN[J]. Nanotechnology, 2010, 21(20): 205201.

[32] CHO C Y, KIM K S, LEE S J, et al. Surface plasmon-enhanced light-emitting diodes with silver nanoparticles and SiO_2 nano-disks embedded in p-GaN[J]. Applied Physics Letters, 2011, 99(4): 041107.

[33] JANG L W, JU J W, JEON D W, et al. Enhanced light output of InGaN/GaN blue light emitting diodes with Ag nano-particles embedded in nano-needle layer[J]. Optics Express, 2012, 20(6): 6036-6041.

[34] CAO X A, PEARTON S J, ZHANG A P, et al. Electrical effects of plasma damage in p-GaN[J]. Applied Physics Letters, 1999, 75(17): 2569-2571.

[35] LEE J M, HUH C, KIM D J, et al. Dry-etch damage and its recovery in InGaN/GaN multi-quantum-well light-emitting diodes[J]. Semiconductor Science and Technology, 2003, 18(6): 530.

[36] KWON M K, KIM J Y, KIM B H, et al. Surface-plasmon-enhanced light-emitting diodes[J]. Advanced Materials, 2008, 20(7): 1253-1257.

[37] ZHANG Z H, TAN S T, LIU W, et al. Improved InGaN/GaN light-emitting diodes with a p-GaN/n-GaN/p-GaN/n-GaN/p-GaN current-spreading layer: errata[J]. Optics Express, 2013, 21(15): 17670.

[38] KIM D J, RYU D Y, BOJARCZUK N A, et al. Thermal activation energies of Mg in GaN: Mg measured by the hall effect and admittance spectroscopy[J]. Journal of Applied Physics, 2000, 88(5): 2564-2569.

[39] SCHMEITS M, NGUYEN N D, GERMAIN M. Competition between deep impurity and dopant behavior of Mg in GaN schottky diodes[J]. Journal of Applied Physics, 2001, 89(3): 1890-1897.

[40] LEE I H, JANG L W, POLYAKOV A Y. Performance enhancement of GaN-based light emitting diodes by the interaction with localized surface plasmons[J]. Nano Energy, 2015, 13: 140-173.

[41] OKAMOTO K, NIKI I, SHVARTSER A, et al. Surface-plasmon-enhanced light emitters based on InGaN quantum wells[J]. Nature Materials, 2004, 3(9): 601.

[42] HENSON J, HECKEL J C, DIMAKIS E, et al. Plasmon enhanced light emission from InGaN quantum wells via coupling to chemically synthesized silver nanoparticles[J]. Applied Physics Letters, 2009, 95(15): 151109.

[43] KUZMA A, WEIS M, FLICKYNGEROVA S, et al. Influence of surface oxidation on plasmon resonance in monolayer of gold and silver nanoparticles[J]. Journal of Applied Physics, 2012, 112(10): 103531.

[44] JANG L W, JEON D W, SAHOO T, et al. Localized surface plasmon enhanced quantum efficiency of InGaN/GaN quantum wells by Ag/SiO$_2$ nanoparticles[J]. Optics Express, 2012, 20(3): 2116-2123.

[45] HUANG C W, TSENG H Y, CHEN C Y, et al. Fabrication of surface metal nanoparticles and their induced surface plasmon coupling with subsurface InGaN/GaN quantum wells[J]. Nanotechnology, 2011, 22(47): 475201.

[46] HENSON J, DIMAKIS E, DIMARIA J, et al. Enhanced near-green light emission from InGaN quantum wells by use of tunable plasmonic resonances in silver nanoparticle arrays[J]. Optics Express, 2010, 18(20): 21322-21329.

[47] HENSON J, DIMARIA J, DIMAKIS E, et al. Plasmon-enhanced light emission based on lattice resonances of silver nanocylinder arrays[J]. Optics Letters, 2012, 37(1): 79-81.

[48] MERTENS H, KOENDERINK A F, POLMAN A. Plasmon-enhanced luminescence near noble-metal nanospheres: Comparison of exact theory and an improved gersten and nitzan model[J]. Physical Review B, 2007, 76(11): 115123.

[49] SUNG J H, YANG J S, KIM B S, et al. Enhancement of electroluminescence in GaN-based light-emitting diodes by metallic nanoparticles[J]. Applied Physics Letters, 2010, 96(26): 261105.

[50] ZHENG C, SUN L, CHEN X, et al. Enhancing light output of GaN-based light-emitting diodes with nanoparticle-assembled on-top layers[C]//Nano/Micro Engineered and Molecular Systems (NEMS), 7th IEEE International Conference on Nano, January 16-19, 2012, Kyoto, Japan. Piscataway: IEEE Press, 2012: 376-379.

[51] SUN G, KHURGIN J B, SOREF R A. Plasmonic light-emission enhancement with isolated metal nanoparticles and their coupled arrays[J]. Journal of the Optical Society of America B, 2008, 25(10): 1748-1755.

[52] CHEN C H, CHANG S J, CHANG S P, et al. Electroluminescence from n-ZnO nano-wires/p-GaN heterostructure light-emitting diodes[J]. Applied Physics Letters, 2009, 95(22): 223101.

第 3 章

纳米柱 LED

本章介绍纳米柱 LED 的制备方法、主要光学表征和在可见光通信中的应用。相比于传统平面 LED 结构，纳米柱 LED 可以有效减缓量子阱结构内的压应力引起的压电极化现象，从而提高 LED 的内量子效率。同时，由于结构内部光出射面积的增大，LED 的光引出效率和外量子效率也得到大幅提高。通过提高 LED 器件的发光效率和调制带宽，也可以使纳米柱 LED 器件在新的应用领域，例如可见光通信领域中有很广阔的应用前景。

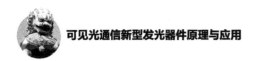

|3.1 纳米柱 LED 的发展及应用 |

在过去的几十年里，对 III-V 族化合物半导体发光材料的研究及突破推动了光电子产业的蓬勃发展，其中以氮化镓基量子阱结构蓝光 LED 的商业化为代表，使得 LED 器件的发光效率得到了极大提高，从而开拓了 LED 在更多领域中的应用[1-4]。由于氮化镓材料有着禁带宽度宽、直接带隙等优点，在氮化镓基多量子阱（MQW）结构生长过程中通过改变铟材料的组分，可以调制量子阱的能带宽度从而控制材料在整个可见光光谱范围内发光。

虽然蓝光 LED 已经取得了超高外量子效率（EQE>80%）[5]，但氮化镓基长波长 LED（绿光、黄光、红光）的外量子效率仍然相对较低。这主要是因为在长波长 LED 的材料生长过程中需要提高铟材料的组分，使得发光材料 GaInN 的内量子效率受限于材料内的自发极化和压电极化现象。其中压电极化现象主要是由量子阱结构内的压应力引起的，从而导致自由电子和空穴的空间分离，这就是量子限制斯塔克效应[6-9]。在材料生长过程中，提高铟材料的组分会增强量子阱结构内的压应力，使得量子限制斯塔克效应加剧，材料的内量子效率减小。另外，由于较大的晶格失配和低生长温度（低于 700℃）等因素的限制，通过常规生长方法很难得到高质量的高铟组分铟镓氮量子阱结构[10]。

近来的很多研究发现，在量子阱 LED 外延片上制备纳米柱结构可以有效地缓解量子阱结构内的压应力，从而提高 LED 的内量子效率[11-13]。这种纳米柱结构通常有较小的异质材料界面面积，可以减弱材料的量子限制斯塔克效应。同时，由于材料出光面积的增加和引入高阶衍射，LED 的光引出效率也可以得到增强。纳米柱 LED 可以通过两种不同的方法制备得到，一种是直接在材料衬底上生长得到核–壳结构的纳米柱或者纳米管结构 LED[13-15]；另一种则是在传统二维 LED 外延片上通过向下刻蚀得到纳米柱结构[11-12]。前一种方法通常受限于较严格的材料生长条件及由此带来的较高的点缺陷密度[13-16]。后一种方法则可以规避这些限制从而得到更好的晶体生长质量。在这一章，我们介绍基于后一种纳米柱制备方式，通过应用不同的制备方法，在不同的长波长 LED 或者量子阱发光材料上制备得到不同的纳米柱结构，从而提高材料的发光效率。

| 3.2 纳米柱 LED 的设计与工艺 |

3.2.1 纳米球掩膜及刻蚀

本小节将介绍通过应用自组装形成的纳米球阵列为掩膜，结合干法刻蚀在绿光量子阱结构 LED 外延片上制备周期性纳米柱结构，从而有效提高绿光 LED 的发光效率[17]。

基于氮化镓材料的绿光量子阱结构 LED 外延片通过金属有机化学气相沉积（Metal-Organic Chemeical Vapor Deposition，MOCVD）方法在 C 面（0001）蓝宝石衬底上生长得到，其发光峰位于 540 nm 附近。纳米柱的制备过程如图 3-1 所示。首先，将一层 150 nm 厚的 SiO_2 通过 PECVD 方法沉积在 LED 外延层的表面作为中间掩膜层。随即将 LED 样品用氧气等离子体进行 10 min 表面处理以提高样品表面的亲水性。然后将浓度 10%、直径 490 nm 的聚苯乙烯（Polystyrene，PS）纳米球悬浮液滴在样品表面，通过旋转涂覆的方式，最终在 LED 样品表面形成了一层单层密堆排列的纳米球阵列。

为研究结构尺寸大小对纳米柱 LED 的影响，我们首先通过反应离子刻蚀机（Reactive-Ion Etching，RIE）里的氧气等离子体对聚苯乙烯纳米球的尺寸进行不同程度的减小。然后应用反应离子刻蚀对二氧化硅中间掩膜层进行干法刻蚀，从而把不同尺寸的掩膜图形从聚苯乙烯纳米球阵列转移到二氧化硅中间掩膜层。之后，应用电感耦合反应离子刻蚀（ICP-RIE）对 LED 外延层进行干法刻蚀，刻蚀深度为 570～610 nm。残余的聚苯乙烯纳米球和二氧化硅中间掩膜分别用丙酮溶液和 5% 的氢氟酸溶液去除，最终得到不同尺寸的绿光纳米柱 LED。

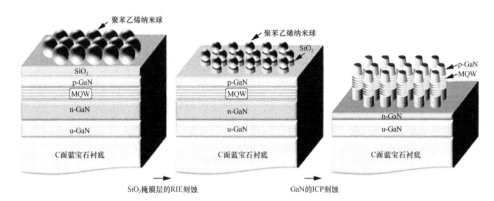

图 3-1　绿光纳米柱 LED 的制备工艺流程

我们也注意到，在二氧化硅中间掩膜层的干法刻蚀过程中，聚苯乙烯纳米球的横向尺寸同时也在缩小，从而使得到的二氧化硅纳米柱结构的侧壁呈现一定的倾斜角如图 3-2（a）所示。这一结构特征也同时转移到了后续刻蚀得到的纳米柱 LED 结构中如图 3-2（b）所示。通过以上实验制备方法，我们得到了 4 个不同尺寸的绿光量子阱结构纳米柱 LED 样品，它们的结构顶部直径分别是 220 nm、360 nm、430 nm 和 490 nm。

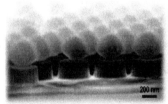 

（a）二氧化硅掩膜层纳米柱结构及其　　　（b）绿光纳米柱LED结构
　　顶部聚苯乙烯纳米球结构

图 3-2　扫描电子显微镜示意

3.2.2　纳米金薄膜退火及刻蚀

本小节将介绍以纳米金薄膜通过高温退火过程形成的非周期纳米颗粒阵列为

掩膜，结合干法刻蚀在绿光量子阱结构 LED 外延片上制备非周期纳米柱结构，从而有效缓解绿光 LED 的量子限制斯塔克效应并提高其材料的发光效率[18]。制备过程如图 3-3 所示。

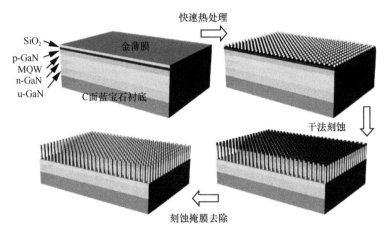

图 3-3　非周期绿光纳米柱 LED 制备工艺流程

基于氮化镓材料的绿光量子阱结构 LED 外延片通过金属有机化学气相沉积系统方法在 C 面（0001）蓝宝石衬底上生长得到，样品发光峰位于 510 nm 附近。首先，将一层 150 nm 厚的二氧化硅层通过等离子体增强化学气相沉积法在 LED 外延层的表面作为中间掩膜层。随即在一系列相同样品的二氧化硅层表面再通过电子束蒸发的方法沉积不同厚度的金薄膜（6～11 nm）。将样品在 650℃的高温氮气环境下进行 3 min 的快速热处理，由于高温环境下不同材料界面的热扩散系数不同，金薄膜材料在表面张力的作用下团聚形成非周期的纳米颗粒结构。

应用反应离子刻蚀对二氧化硅中间掩膜层进行干法刻蚀，从而把掩膜图形从非周期纳米颗粒阵列转移到二氧化硅中间掩膜层。之后，再应用电感耦合反应离子刻蚀对 LED 外延层进行干法刻蚀，从而形成 LED 纳米柱结构。残余的掩膜材料通过 5%的氢氟酸溶液去除。最后，将制备得到的绿光纳米柱 LED 样品置于 37%的盐酸溶液里进行表面钝化处理，此步骤可以有效减少电感耦合反应离子刻蚀过程对纳米柱结构侧壁造成的损伤及引入的表面缺陷。

为研究金薄膜厚度对非周期纳米颗粒尺寸的影响，在实验过程中通过改变金薄膜的沉积厚度，制备了不同尺寸的非周期纳米柱 LED 结构。图 3-4 展示了非周期纳米柱 LED 在扫描电子显微镜下的俯视图和横截面，图 3-4（a）～（f）分别对应制备过程中沉积的不同金薄膜的厚度：6 nm、7 nm、8 nm、9 nm、10 nm 和 11nm。通过图 3-4 我们可以发现，增加金薄膜的厚度可以增大高温退火形成的金纳米颗粒的尺寸，从而增大纳米柱 LED 的尺寸。

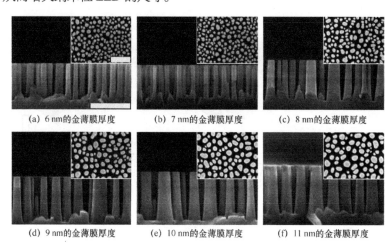

(a) 6 nm的金薄膜厚度　　(b) 7 nm的金薄膜厚度　　(c) 8 nm的金薄膜厚度

(d) 9 nm的金薄膜厚度　　(e) 10 nm的金薄膜厚度　　(f) 11 nm的金薄膜厚度

图 3-4　不同尺寸非周期绿光纳米柱 LED 的扫描电子显微镜照片（图中标尺均为 500 nm）

3.2.3　电子束曝光及刻蚀

本小节将介绍以电子束曝光法制备周期性掩膜结构，结合干法刻蚀在黄光量子阱结构外延片上制备得到周期性纳米柱结构[19]。通过精确控制纳米柱阵列的周期与结构大小，可以大幅度抑制黄光量子阱结构的量子限制斯塔克效应并显著提高其发光效率。

基于氮化镓材料的黄光量子阱结构外延片通过金属有机化学气相沉积系统方法在 C 面（0001）蓝宝石衬底上生长得到。在生长过程中，为获得长发光波长，在铟镓氮量子阱结构中提高了铟材料组分（0.33）对应得到发光峰波长在 637 nm 附近。同时，为了克服高铟组分量子阱结构引起的压应力，在材料生长中同时引入应力补偿层[20-21]以提高量子阱的内量子效率。生长所得的量子阱外延结构如图 3-5（a）所示。

随后，将一层 110 nm 厚的二氧化硅层通过等离子体增强化学气相沉积法沉积在量子阱外延片的表面作为中间掩膜层。随即在样品表面用甩胶机均匀地覆盖上一层电子束光刻胶。对样品进行电子束曝光及显影后，设计的光子晶体结构在电子束光刻胶上形成。然后在样品表面通过电子束蒸发的方法沉积一层 30 nm 的铬，用 1165 溶液对样品表面的电子束光刻胶层进行剥离，设计的光子晶体结构图形被转移到铬层。

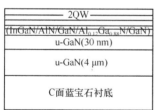

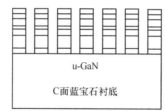

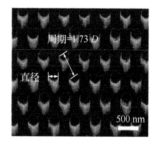

（a）氮化镓基黄光量子　　　（b）制备后黄光量子　　　（c）黄光量子阱纳米柱结构的扫描
　　阱外延结构　　　　　　　　阱纳米柱结构　　　　　　　电子显微镜照片

图 3-5　黄光量子阱外延结构、纳米柱结构及其扫描电子显微镜照片

随后应用反应离子刻蚀对二氧化硅中间掩膜层进行干法刻蚀，从而把掩膜图形从铬金属层转移到二氧化硅中间掩膜层。之后，再应用电感耦合反应离子刻蚀对量子阱外延层进行干法刻蚀，从而形成纳米柱结构。残余的掩膜材料通过 5% 的氢氟酸溶液去除。最后，将制备得到的黄光纳米柱量子阱样品置于 37% 的盐酸溶液里进行表面钝化处理，以减少电感耦合反应离子刻蚀过程对纳米柱结构侧壁造成的损伤及引入的表面缺陷。制备得到的黄光量子阱纳米柱结构及其扫描电子显微镜照片如图 3-5（b）和图 3-5（c）所示。

为研究纳米柱结构尺寸大小对量子阱样品的量子限制斯塔克效应和出光效率的影响，在实验过程中，设计并制备得到了一系列不同尺寸的纳米结构，横向直径分别为 70 nm、100 nm、300 nm、500 nm、700 nm 和 900 nm。其中，每一个纳米柱样品的柱结构周期与直径大小的数值比固定为 1.73，纳米柱的高度（刻蚀深度）都为 450 nm。

|3.3　纳米柱 LED 的主要光学表征 |

3.3.1　周期性绿光纳米柱 LED 的光学表征

本小节将介绍在 3.2.1 小节里制备得到的周期性绿光纳米柱 LED 的光学特性表征。在实验中制备得到了 4 个不同尺寸的绿光量子阱结构纳米柱 LED 样品，对应的结构顶部直径分别是 220 nm、360 nm、430 nm 和 490 nm。在这里为方便表述，4 个样品分别命名为样品 A、B、C 和 D。

在上一节中我们提到过在通过用电感耦合反应离子刻蚀纳米柱结构的过程中会引入结构表面的刻蚀损伤和缺陷，从而影响样品的发光效率。为修复结构表面的刻蚀损伤，我们研究了不同的表面钝化方法。第一种方法是将样品在 500℃ 的条件下快速热处理 10 min；第二种方法是将样品在盐酸溶液里静置 1 h；第三种方法结合了高温热处理和盐酸溶液两种方法。以样品 B 和 C 为例，我们将纳米柱 LED 制备前后以及应用了不同表面钝化方法后的发光强度进行了比较，用一个 405 nm 激光器作为激发光源，测得不同样品的光致发光光谱，得到的光致发光光谱如图 3-6 所示。

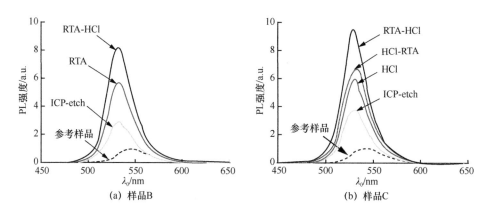

图 3-6　样品 B 和样品 C 纳米柱 LED 样品应用不同的表面钝化方法后的光致发光光谱

从图 3-6 中我们可以观察到，相较于平面参考样品，通过干法刻蚀制备得到的纳米柱 LED 可以有效提高 LED 样品的发光效率，同时也伴随着一个发光峰的蓝移。其次，我们发现，高温热处理和盐酸溶液分别可以有效修复纳米结构的表面损伤、提高纳米柱 LED 的发光效率。结合两种方法，则可以进一步提高表面钝化效果。通过样品 C 我们观察到，先对纳米柱 LED 进行表面热处理再静置于盐酸溶液中则可以得到最优的表面钝化效果，相较于平面 LED 参考样品，纳米柱 LED 的发光效率提高了 8.03 倍。

在光致发光（PL）实验中我们观察到纳米柱 LED 的发光峰发生了蓝移，这个现象通常是由应力释放引起的。为了进一步确认纳米柱结构引入的应力释放效果，我们也对不同尺寸的纳米柱结构进行了拉曼散射实验。不同样品的拉曼散射光谱如图 3-7 所示。氮化镓材料对应的 $E_2(H)$ 拉曼特征峰位于 571 cm^{-1} 附近，此特征峰位置一般受氮化镓量子阱结构内的应力影响。在实验中，我们观察到纳米柱 LED 样品的 $E_2(H)$ 拉曼特征峰相较于参考样品有一个明显的向小波数方向的位移，位于 569 cm^{-1} 附近。这个特征峰的位移可以再次验证纳米柱氮化镓量子阱结构内的应力释放[22-23]。

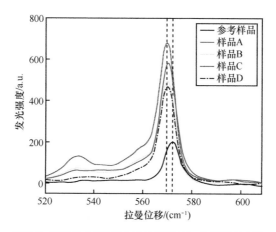

图 3-7　不同尺寸周期性绿光纳米柱 LED 拉曼散射光谱

为分析纳米柱 LED 的尺寸对发光效率的影响，我们首先对不同尺寸的样品用最优的条件进行表面钝化处理，然后测试其光致发光光谱，实验结果如图 3-8 所示。在实验结果中我们发现，小尺寸纳米柱结构对应更明显的发光峰蓝移，这是因为小尺寸纳米柱结构可以更有效地释放量子阱结构内的应力、缓解 LED 样品内的量子限制斯塔克效应[24]。同时我们也观察到从样品 A 到样品 C，随着纳米柱结构的增大，发光强度也进一步增强。我们认为这个主要是由于大尺寸的纳米柱结构可以更有效地增强 LED 的光引出效率（LEE）。相较于其他样品，样品 D 的发光强度相对较弱。通过观察分析扫描电子显微镜照片，我们认为样品 D 的纳米柱结构之间存在粘连，因而不能有效地释放量子阱内的应力，从而阻碍了发光效率的增强。

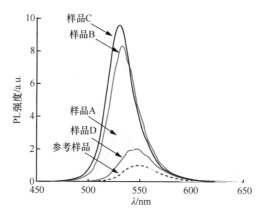

图 3-8　不同尺寸周期性绿光纳米柱 LED 光致发光光谱

在这个工作里，我们通过应用自组装形成的纳米球阵列为掩膜，结合干法刻蚀在绿光量子阱结构 LED 外延片上制备得到周期性的纳米柱结构。结合高温热处理和盐酸溶液，可以有效地修复纳米柱表面的刻蚀损伤。相较于平面绿光 LED，纳米柱绿光 LED 可以提高其发光效率 8 倍左右。

3.3.2　非周期性绿光纳米柱 LED 的光学表征

本小节将介绍在 3.2.2 小节里制备得到的非周期性绿光纳米柱 LED 的光学特性表征。在实验过程中通过改变金薄膜的沉积厚度，制备得到了不同尺寸大小的非周期绿光纳米柱 LED，样品编号 a 到 f，分别对应金薄膜的沉积厚度为 6～11 nm。通过分析不同纳米柱 LED 的扫描电子显微镜照片，我们也得到不同样品的纳米柱结构的平均尺寸和样品上的结构密度。纳米柱 LED 样品和平面无结构参考样品的详细信息汇总见表 3-1。

表 3-1　不同尺寸纳米柱 LED 样品的结构信息

样品	参考样品	a	b	c	d	e	f
沉积金厚度/nm	0	6	7	8	9	10	11
发光面积占比	100.0%	38.1%	32.1%	33.0%	40.7%	37.6%	37.6%
纳米柱密度/（μm^{-2}）	n/a	107.0	101.0	75.2	49.0	45.3	39.5
纳米柱平均尺寸/nm	n/a	64.9	61.2	71.8	99.2	99.1	106.0

我们对不同样品进行了室温下光致发光测试，以一个 375 nm 激光器作为激发光源，所有样品在背部衬底激发，在结构表面测试发光光谱，得到的结果如图 3-9 所示。通过实验结果我们发现，相较于参考样品，非周期纳米柱 LED 应有明显的发光峰蓝移，这是因为纳米柱结构可以更有效地释放量子阱结构内的应力、缓解 LED 样品内的量子限制斯塔克效应。同时，除样品 a 外，其他纳米柱样品均有明显的发光强度的增强。其中，样品 d 对应的最强发光强度增幅可达 4.08 倍。由于有效发光面积的减小和较小的光引出效率增幅，样品 a 的整体发光强度没有得到增强。

我们认为，纳米柱 LED 外量子效率（EQE）增强是由于内量子效率（IQE）增强和光引出效率增强的整体作用。通过释放量子阱结构内的应力、缓解 LED 样品内的量子限制斯塔克效应，可以增强 LED 的内量子效率。同时，纳米柱结构引入更大的出射面积，缓解样品表面的全反射，从而增强 LED 样品的光引出效率。

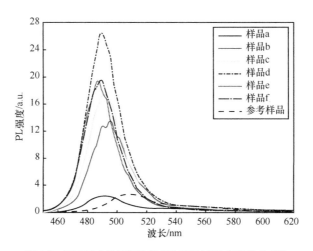

图 3-9　不同尺寸非周期性绿光纳米柱 LED 光致发光光谱

　　为了研究不同纳米柱结构对 LED 样品的内量子效率和光引出效率分别产生的影响, 我们也对不同 LED 样品进行了低温下的光致发光实验。在实验中, 通过改变温度 (20～300 K) 测试不同样品在不同温度条件下的发光。一般认为在极低温条件下, 氮化镓 LED 的非辐射复合会被抑制, 因此可以认为 LED 在此条件下的内量子效率为 100%。LED 样品在室温下的发光强度和极低温下的发光强度的比值可以作为样品在室温下的内量子效率。低温光致发光实验和计算得到的内量子效率结果如图 3-10 所示。通过实验我们发现, 相较于参考样品的内量子效率 (3.8%左右), 纳米柱 LED 样品可以显著增强 LED 的内量子效率, 样品 d 的内量子效率可达 17.13%, 从而进一步验证了通过纳米柱结构有效释放量子阱 LED 内应力的结论。同时通过理论计算我们也可以得到参考样品的光引出效率, 从而计算得到所有样品的光引出效率和外量子效率, 结果见表 3-2。

表 3-2　不同纳米柱 LED 样品的 IQE、LEE、EQE 及 EQE 增幅

样品	参考样品	a	b	c	d	e	f
IQE	3.80%	9.03%	15.45%	16.86%	17.13%	17.67%	17.35%
LEE	4.00%	3.93%	9.29%	9.96%	11.07%	8.45%	8.91%
EQE	0.15%	0.14%	0.46%	0.55%	0.77%	0.56%	0.58%
EQE 增幅	0	−0.11%	2.04%	2.65%	4.08%	2.70%	2.83%

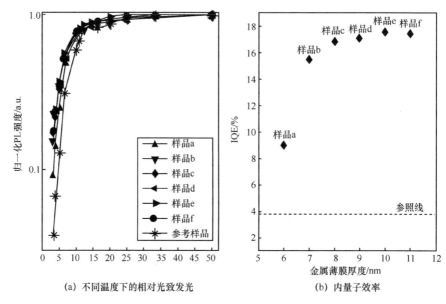

(a) 不同温度下的相对光致发光　　　　(b) 内量子效率

图 3-10　不同尺寸周期性绿光纳米柱 LED 的不同温度（20～300 K）
下的相对光致发光和内量子效率结果

　　在实验中，样品 d 对应的纳米柱平均尺寸 99.2 nm 可以最有效地增强绿光 LED 的发光强度和发光效率，内量子效率从 3.80% 增加到 17.13%，光引出效率从 4.00% 增加到 11.07%，外量子效率从 0.15% 增加到 0.77%。通过观察发现，纳米柱 LED 样品不仅可以有效增强 LED 的内量子效率，同时也可以增强 LED 的光引出效率，因此非周期纳米柱 LED 可以有效地增强绿光 LED 的发光效率。

3.3.3　周期性黄光纳米柱量子阱的光学表征

　　本小节将介绍在 3.2.3 小节里制备得到的周期性黄光纳米柱量子阱的光学特性表征。在实验过程中通过设计并制备得到了一系列不同尺寸的纳米结构，横向直径分别为 70 nm、100 nm、300 nm、500 nm、700 nm 和 900 nm。

　　我们对不同样品进行了室温下光致发光测试，以一个 405 nm 激光器作为激发光源，所有样品在背部衬底激发，在结构表面测试发光光谱，得到的结果如图 3-11（a）所示。通过实验结果我们发现，相较于参考样品，周期性纳米柱量子阱的发光峰有明显的蓝移现象，且结构尺寸越小蓝移越明显。这是由于纳米柱结构的尺寸越小，量子阱内的应力释放越多。同时，我们也观察到，纳米柱尺寸 300 nm 的结构可以得到最高达 23.8 倍的发光强度的增强。

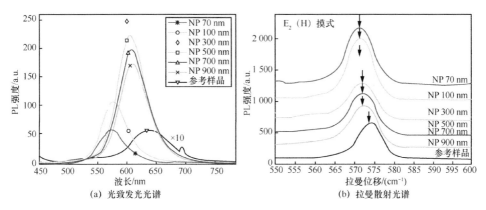

图 3-11　不同尺寸周期性黄光纳米柱量子阱的光致发光光谱和拉曼散射光谱

不同样品的拉曼散射光谱及对应的压应力 σ 结果如图 3-11（b）和表 3-3 所示。量子阱结构内的压应力越大，对应 E_2（H）拉曼特征峰的波数越小。无结构参考样品对应的 E_2（H）拉曼特征峰位于 574 cm^{-1} 附近。在实验中，我们观察到纳米柱 LED 样品的 E_2（H）拉曼特征峰相较于参考样品有一个明显的向小波数方向的位移，且纳米柱结构尺寸越小，E_2（H）拉曼特征峰位移越大，释放的应力也越大。这个现象再次验证了前面提到的纳米柱尺寸与氮化镓量子阱结构的内应力释放之间的关系。

表 3-3　不同纳米柱量子阱样品的 E_2(H)拉曼特征峰位置及对应压应力

纳米柱尺寸/nm	70	100	300	500	700	900	参考样品
$\omega_{E_2(H)}$/(cm^{-1})	571.2	571.4	571.5	571.9	572.1	572.3	574.2
σ/GPa	-1.42	-1.51	-1.56	-1.73	-1.82	-1.91	-2.76

为进一步研究纳米柱量子阱样品的内量子效率，我们对样品进行了时间分辨光致发光实验测试和分析，结果显示如图 3-12（a）所示。在实验中，我们应用一个脉冲宽度 44 ps 的 375 nm 激光器作为激发光源，激发功率密度为 0.66 W/cm^2。测量所得的衰减曲线用二阶指数模型进行分析[25]，从而得到不同量子阱样品的快速衰减寿命 τ_1 和慢衰减寿命 τ_2。一般认为，快速衰减寿命与量子阱内的快速载流子复合有关，因而取决于辐射复合和非辐射复合过程[26]。实验中我们发现，相较于参考样品，纳米柱样品的快速衰减寿命随着结构尺寸的减小而增大。这个现象可以说明纳米柱

样品的非辐射复合过程被抑制，辐射复合过程得到增强[27]，从而印证了量子阱内的应力释放和内量子效率的提高。

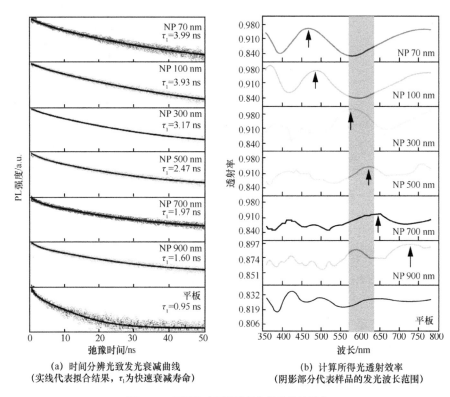

(a) 时间分辨光致发光衰减曲线
(实线代表拟合结果，τ_1 为快速衰减寿命)

(b) 计算所得光透射效率
(阴影部分代表样品的发光波长范围)

图 3-12　不同尺寸周期性黄光纳米柱量子阱

　　通过时间分辨光致发光实验，我们发现小尺寸纳米柱结构可以更好地释放量子阱结构内的应力，然而结合前面的光致发光实验，我们也发现小尺寸纳米柱结构对量子阱样品的外量子效率增强效果并不是最优的。这主要是由于量子阱样品的外量子效率不仅取决于内量子效率，也取决于样品的光引出效率。为研究纳米柱结构对量子阱内光出射效率的影响，我们用时域有限差分（Finite-Difference Time-Domain，FDTD）法计算了不同尺寸纳米柱黄光量子阱的光透射效率，结果如图 3-12（b）所示。需要注意的是，计算中用到的平面波透射效率并不等同于样品的光引出效率，但是纳米柱结构的光引出效率增强通常由垂直方向的增强决定[28]，因此我们认为计算样品内的平面波透射效率可以很好地反映样品光引出效率的变化。通过图 3-12（b）显示的计算结果我们可以发现，纳米柱结构在不同波长范围内的透射效率取决于结构的尺寸。当纳米柱的透射光谱的极大值与样品的发光波长区域（图中阴影部分）重合时，光引出效率可以得到显著增强。其中直径为 300 nm 和 500 nm 的纳米柱样品最大光透射效率在其发光波长附近，分别是 0.993 和 0.926，因此可以大幅提高样品的发光效率，这也和前面光致发光实验的结果一致。

　　同时，我们认为除了内量子效率和光引出效率的变化，纳米柱黄光量子阱的发光效率也和另外一些因素有关。首先，纳米柱的制备过程中，很大一部分发光材料被刻蚀过程移去，因此有效发光区域会减少。在实验中，所有的纳米柱结构的周期直径比固定为 1.73，这意味着纳米柱量子阱的发光区域只有参考样品的 30% 左右。另外，前文提到干法刻蚀的过程会引入纳米柱结构表面的刻蚀损伤和缺陷，这些缺陷会降低发光过程中的辐射复合效率。在这里我们计算了不同样品的结构密度和归一化后的纳米柱侧壁面积，结果见表 3-4。我们可以看到，当纳米柱结构尺寸变小时，样品的结构密度会变大，同时结构侧壁的表面积也会增大。直径 70 nm 的纳米柱结构比直径 900 nm 的纳米柱结构表面积增加了 12 倍多。这意味着小尺寸的纳米柱结构有可能会引入更多的表面缺陷。因此在纳米柱制备过程中，干法刻蚀后的表面钝化过程非常关键，可以有效减少纳米柱结构表面的刻蚀损伤对发光效率带来的影响。在实验中，我们制备得到直径为 300 nm 的周期性纳米柱结构可以大幅提高黄光量子阱发光样品的发光效率（23.8 倍）。

表 3-4　不同纳米柱量子阱样品的尺寸、密度和侧壁表面积

纳米柱尺寸/nm	70	100	300	500	700	900	参考样品
纳米柱密度/(μm^{-2})	78.5	38.5	4.3	1.5	0.8	0.5	0
纳米柱侧壁表面积（标准化 NP900 样品）	12.9	9.0	3.0	1.8	1.3	1.0	0

3.4　纳米柱 LED 器件在可见光通信中的应用

　　近年来，随着器件性能的提高，LED 也被应用在除传统照明外的新的应用领域里，例如可见光通信领域。相较于传统光通信技术，可见光通信有着安全性更高以及频带宽度更宽等优势。研究发现，引入纳米柱结构不仅可以改善 LED 器件的发光

效率，同时也可以提高 LED 器件的调制带宽[29-30]，从而进一步推动 LED 器件在可见光通信领域中的应用和发展。本小节将介绍尝试在基于 LED 纳米柱结构上制备器件，对其相关特性和存在的问题进行分析和研究。

在纳米柱 LED 结构上制备器件存在一个较大的技术难点是不能直接在p-GaN 层表面用传统的电子束蒸发或者溅射等方法沉积电流扩展层。这是由于纳米柱结构在增大出光面积的同时也使量子阱结构暴露出来。应用传统的沉积方法会使电流扩展层材料同时附着在纳米柱结构的侧面和上表面，从而导致器件出现短路。因此如何只在纳米柱结构的上表面形成一层连续的电流扩展层是一个需要解决的难题。

这里我们首先应用 3.2.2 小节介绍的方法在绿光 LED 外延片上制备得到非周期性的纳米柱阵列。其次，用湿法腐蚀化学转移法[31]将一层单层石墨烯材料转移到绿光纳米柱结构的表面。然后在石墨烯上沉积氧化铟锡透明导电薄膜作为电流扩展层，并用常规的 LED 制备工艺[31]制备得到台面结构及金属电极，从而完成纳米柱 LED 器件的制备。所得器件如图 3-13 所示。单层石墨烯是一种机械强度大、对可见光透明且导电性好的一种新型材料。应用单层石墨烯可以有效连接纳米柱阵列的 p-GaN 层表面，然后在其表面使用传统的工艺方法沉积氧化铟锡透明导电薄膜作为电流扩展层，解决了上述技术问题。

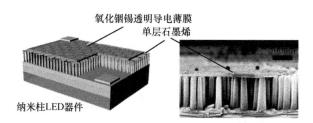

图 3-13　绿光纳米柱 LED 器件及扫描电子显微镜照片

LED 器件的调制带宽通常跟其快速载流子复合过程相关。研究发现，LED 器件的 3 dB 调制带宽为 $f_{3\,dB} = \dfrac{1}{2\pi\tau_1}$，其中 τ_1 为快速衰减寿命，取决于发光材料的辐射复合和非辐射复合过程[32]。通过对制备所得的绿光纳米柱 LED 和传统平面 LED 进行时间分辨光致发光测试，对结果进行分析拟合得到两者的快速衰减寿命分别为0.68 ns 和 0.85 ns，结果如图 3-14 所示。对应计算可知纳米柱 LED 可将器件的 3 dB 调制带宽从 187.3 MHz 展宽到 234.2 MHz。

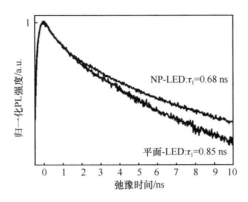

图 3-14　绿光纳米柱 LED 及传统平面 LED 的时间分辨光致发光衰减曲线
（平稳实线代表拟合结果）

随后对制备所得的 LED 器件进行了电致发光测试，结果如图 3-15 所示。我们发现，在相同的电注入条件下（10 V 电压），相较于传统平面 LED 器件，纳米柱 LED 器件的发光强度得到减弱，这与我们在光致发光实验中观察到的结果相反。对结果进行分析，我们认为这是由以下几个原因引起的。首先，纳米柱结构相较于平面 LED，其发光面积大幅减小（约 60%），而且制备所得的纳米柱结构平均尺寸约为 100 nm，这使得纳米柱阵列和单层石墨烯之间的接触面积很小，从而导致了电流注入密度增大及器件阻抗的变大。其次，由于非周期结构在尺寸上的不均匀性，使得局部纳米柱结构与单层石墨烯的接触不是很充分，从而影响了这部分结构的发光效率。

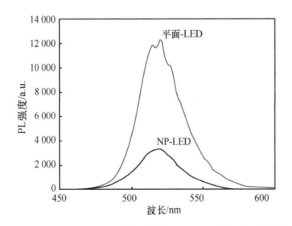

图 3-15　绿光纳米柱 LED 器件及传统平面 LED 器件的电致发光光谱

我们也认为，尽管现阶段纳米柱 LED 器件的电学特性还受到很多因素的限制，但是在以后的研究中，我们可以通过优化纳米柱结构的尺寸和对转移后的石墨烯材料进行高温退火以改善纳米柱结构与石墨烯层的接触条件，并且对金属电极及其他相关制备工艺进行优化，可以进一步提高纳米柱 LED 器件的电学特性。

| 3.5　本章小结 |

在这一章，我们回顾了用不同方法制备得到不同的纳米柱 LED 并对其光学特性进行了表征和分析。从实验中，我们观察发现相较于传统平面 LED，纳米柱量子阱结构 LED 可以有效减小长波长氮化镓基 LED 内的压应力，从而缓解量子限制斯塔克效应并提高 LED 的内量子效率。同时，纳米柱 LED 还可以提高 LED 的光引出效率，因此 LED 的外量子效率可以显著提高。

我们也发现在纳米柱 LED 的制备过程中存在一些因素可能会制约 LED 的发光效率。首先通过干法刻蚀得到的纳米柱结构通常会在结构表面引入刻蚀损伤和缺陷，降低 LED 的内量子效率。因此，在刻蚀工艺后对纳米柱结构进行表面钝化处理非常重要，可以有效修复刻蚀损伤和缺陷。其次，纳米柱结构的尺寸大小直接影响到发光效率的增强。LED 整体发光效率是其内量子效率、光引出效率、发光面积大小和其他非辐射复合机制共同作用的结果，因此结合仿真模拟计算、根据样品结构和发光波长设计最优的纳米柱结构的尺寸非常关键。

我们还对纳米柱 LED 器件进行了初步的研究和分析。我们认为，如何制备和优化纳米柱 LED 器件是下一步的研究重点。纳米柱 LED 器件的设计和制备不仅会影响 LED 样品的光学特性、也会影响器件的电学特性。特别是如何改善纳米柱 LED 表面与石墨烯及电流扩展层的接触，以及金属电极等其他制备工艺，这些都需要进一步的研究。

| 参考文献 |

[1]　SCHUBERT E F, KIM J K. Solid-state light sources getting smart[J]. Science, 2005, 308(5726): 1274-1278.

[2]　PIMPUTKAR S, SPECK J S, DENBAARS S P, et al. Prospects for LED lighting[J]. Nature

Photonics, 2009, 3(4): 180-182.

[3] AMANO H, SAWAKI N, AKASAKI I, et al. Metalorganic vaporphase epitaxial growth of a high quality GaN film using an AlN buffer layer[J]. Applied Physics Letters, 1986, 48(5): 353-355.

[4] NAKAMURA S. GaN growth using GaN buffer layer[J]. Japanese Journal of Applied Physics, 1991, 30(10A): L1705-L1707.

[5] NARUKAWA Y, ICHIKAWA M, SANGA D, et al. White light emitting diodes with super-high luminous efficacy[J]. Journal of Physics D: Applied Physics, 2010, 43: 354002.

[6] MILLER D A, CHEMLA D S, DAMEN T C, et al. Band-edge electroabsorption in quantum well structures: the quantum-confinedStark effect[J]. Physical Review Letters, 1984, 53(22): 2173-2176.

[7] CHICHIBU S F, UEDONO A, ONUMA T, et al. Origin of defect-insensitive emission probability in In-containing (Al, In, Ga)N alloy semiconductors[J]. Nature Materials, 2006, 5(10): 810-816.

[8] WANG T, BAI J, SAKAI S, et al. Investigation of the emission mechanism in InGaN-based light-emitting diodes[J]. Applied Physics Letters, 2001, 78(18): 2617-2619.

[9] KWON M K, KIM J Y, KIM B H, et al. Surface-plasmon-enhanced light-emitting diodes[J]. Advanced Materials, 2008, 20(7): 1253-1257.

[10] BAI J, WANG Q, WANG T. Characterization of InGaN-based nanorod light emitting diodes with different indium compositions[J]. Journal of Applied Physics, 2012, 111(11): 113103.

[11] GENG C, WEI T, WANG X, et al. Enhancement of light output power from LEDs based on monolayer colloidal crystal[J]. Small, 2014, 10(9): 1668-1686.

[12] LI K H, ZANG K Y, CHUA S J, et al. Embedding nano-pillar arrays into InGaN light-emitting diodes[J]. Physica Status Solidi C, 2014, 11(3-4): 742-745.

[13] LI S, WAAG A. GaN based nanorods for solid state lighting[J]. Journal of Applied Physics, 2012, 111: 5.

[14] QIAN F, GRADECAK S, LI Y, et al. Core/multishell nanowire heterostructures as multicolor, high-efficiency light-emitting diodes[J]. Nano Letters, 2005, 5(11): 2287-2291.

[15] RILEY J R, PADALKAR S, LI Q, et al. Three-dimensional mapping of quantum wells in a GaN/InGaN core–shell nanowire light-emitting diode array[J]. Nano Letters, 2013, 13(9): 4317-4325.

[16] TALIN A A, WANG G T, LAI E, et al. Correlation of growth temperature, photoluminescence, and resistivity in GaN nanowires[J]. Applied Physics Letters, 2008, 92(9): 093105.

[17] FADIL A, OU Y, ZHAN T, et al. Fabrication and improvement of nanopillarInGaN/GaN light-emitting diodes using nanosphere lithography[J]. Journal of Nanophotonics, 2015, 9(1): 093062.

[18] OU Y, IIDA D, FADIL A, et al. Enhanced emission efficiency of size-controlled InGaN/GaN green nanopillar light-emitting diodes[J]. International Journal of Optics and Photonic Engi-

neering, 2016, 1(1).

[19] OU Y, IIDA D, LIU J, et al. Efficiency enhancement of InGaN amber MQWs using nanopillar structures[J]. Nanophotonics, 2018, 7(1): 317-322.

[20] OHKAWA K, WATANABE T, SAKAMOTO M, et al. 740-nm emission from InGaN-based LEDs on c-plane sapphiresubstrates by MOVPE[J]. Journal of Crystal Growth, 2012, 343(1): 13-16.

[21] IIDA D, LU S, HIRAHARA S, et al. Enhanced light output power of InGaN-based amber LEDs by strain-compensating AlN/AlGaN barriers[J]. Journal of Crystal Growth, 2016, 448: 105-108.

[22] SUGIURA T, KAWAGUCHI Y, TSUKAMOTO T, et al. Raman scattering study of InGaN grown by metalorganic vapor phase epitaxy on (0001) sapphire substrates[J]. Japanese Journal of Applied Physics, 2001, 40(10R): 5955.

[23] PUECH P, DEMANGEOT F, FRANDON J, et al. GaNnanoindentation: a micro-Raman spectroscopy study of local strain fields[J]. Journal of Applied Physics, 2004, 96(5): 2853-2856.

[24] RAMESH V, KIKUCHI A, KISHINO K, et al. Strain relaxation effect by nanotexturing InGaN/GaN multiple quantum well[J]. Journal of Applied Physics, 2010, 107(11): 114303.

[25] LIU B, SMITH R, ATHANASIOU M, et al. Temporally and spatially resolved photoluminescence investigation of (1122) semi-polar InGaN/GaN multiple quantum wells grown on nanorod templates[J]. Applied Physics Letters, 2014, 105(26): 261103.

[26] ZHANG G, GUO X, REN F F, et al. High-brightness polarized green InGaN light-emitting diode structure with Al-coated p-GaN grating[J]. ACS Photonics, 2016, 3(10): 1912-1918.

[27] LIU B, SMITH R, BAI J, et al. Great emission enhancement and excitonic recombination dynamics of InGaN nanorodstructures[J]. Applied Physics Letters. 2013, 103(10): 101108.

[28] DONG P, YAN J, ZHANG Y, et al. Optical properties of nanopillar AlGaN/GaN MQWs for ultraviolet light-emitting diodes[J]. Optics Express, 2014, 22(2): A320-A327.

[29] LU D, QIAN H, WANG K, et al. Nanostructuring Multilayer Hyperbolic Metamaterials for Ultrafast and Bright Green InGaN Quantum Wells[J]. Advanced Materials, 2018, 30(15): 1706411.

[30] ZHAO L X, YU Z G, SUN B, et al. Progress and prospects of GaN-based LEDs using nanostructures[J]. Chinese Physics B, 2015, 24(6): 068506.

[31] LIN L, OU Y, ZHU X, et al. InGaN/GaN ultraviolet LED with a graphene/AZO transparent current spreading layer[J]. Optical Materials Express, 2018, 8(7): 1818-1826.

[32] ZHU S C, YU Z G, ZHAO L X, et al. Enhancement of the modulation bandwidth for GaN-based light-emitting diode by surface plasmons[J]. Optics Express, 2015, 23(11): 13752-13760.

第 4 章

近紫外 LED

本章首先介绍基于氮化镓（GaN）的近紫外发光二极管（Near-Ultraviolet Light-Emitting Diode，NUV LED）器件的发展历史和行业现状；其次介绍有关 NUV LED 的标准制造工艺的基础知识，并对使用标准工艺流程制造的 NUV LED 进行电学表征，然后对表征结果进行分析讨论；最后，比较 NUV LED 与其他波段 LED 在光通信中的特点。

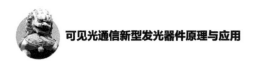

| 4.1 近紫外 LED 的发展历史与现状 |

紫外发光二极管（UV LED）是可以发出波长短于 400 nm 光子的二极管。根据发射光谱范围，UV LED 可分为 NUV LED（300～400 nm）和深紫外（DUV）LED（200～300 nm）[1]。许多业内人士认为 UV LED 很有可能替代现今广泛使用的紫外线灯。并且，UV LED 在照明、显示屏、显微镜、光刻技术、树脂固化、医学、生物技术和环境监测等其他应用领域中也具有强大的吸引力和未来前景[1-7]。其中 NUV LED 更是在白光 LED、牙齿医学、水源净化以及可见光通信中充当了重要的角色[8-11]。因而本章将对 NUV LED 的发展、制造和表征等多个方面进行介绍和研究。

4.1.1 LED 的历史与发展

半导体发光器件的发展开始于 20 世纪，当时部分业内科学家发表了有关碳化硅（SiC）在内的一些半导体材料电致发光（EL）的文章[12]。随后在 20 世纪 60 年代，人们制造出了第一个由 SiC 材料制成的蓝光 LED。这种基于 SiC 的蓝光 LED 虽然不是十分便携且效率较低（约 0.03%），但还是在 20 世纪 90 年代实现了商业化[13-14]。与此同时，在 20 世纪 50 年代后期，科学研究者们使用 III-V 化合物材料制造出了可见光 LED。并在 1964 年，制造出了基于 III-V 化合物材料磷化镓（GaP）的绿光 LED，其效率约为 0.6%[15]。然而，SiC 和 GaP 都是间接带隙材料。由于动量守恒，间接带隙材料在空穴–电子复合并产生光子的过程中需要声子的参与，这限制了间接带隙材料的发光效率[12]。

为了提高 LED 的发光效率，科学家们发现并开始研究具有纤锌矿结构的氮化物材料。这种半导体材料具有直接带隙，且禁带宽度覆盖范围较广（0.8～6.3 eV）的特点。这意味着，具有纤锌矿结构的氮化物材料的光谱辐射波长范围囊括了整个可见光波段。因而，其在作为半导体发光器件的应用中极具前景和吸引力。为了得到高质高效的 LED，氮化物晶体材料的生长开始被广泛学习研究，并迅速发展。

在 20 世纪 60 年代，氮化镓单晶薄膜的生长已经成为一个很有前景的研究领域，并且在 1968 年取得了成功[16]。在当时，除了辐射波长较短的 LED（如 UV LED 或蓝光 LED）之外，红外、红光和绿光的 LED 已被成功制造。而短波长如蓝光 LED 的实现迫在眉睫，因为它不仅可以推动平板电视的出现，更可以由此结束传统的阴极射线管时代[12]。而 GaN 晶体材料的宽带隙使其成为短波长发光器件应用中的一种极有前景和研究价值的材料。

在最初阶段，研究者们生长出的 GaN 晶体薄膜一直只是 n 型而没有 p 型。直到 1971 年，他们研究出了锌（Zn）掺杂的 p-GaN，这促使了第一个基于 GaN 的 LED 的出现[12-18]。在随后的两年中，人们又成功制造出了镁（Mg）掺杂的 p-GaN 层，并且能发射蓝光或紫光的 GaN LED[19-20]。然而，该研究领域的难点是，在室温条件下，GaN 始终难以从有源层产生高效的光子辐射[21]。

幸运的是，人们发现，由 GaN 及其与氮化铟（InN）或氮化铝（AlN）组成的 III 族氮化物合金能够在包含 NUV 在内的可见光谱范围内实现高效的光子辐射，这个发现彻底改变了当时的固态照明市场[21-22]。

高质量铟镓氮（InGaN）晶体薄膜的生长在 1992 年首次成功[23]。这种材料通过在 GaN 中添加少量的铟以此在室温下实现较强的带间辐射。而通过改变 InGaN 中的铟的组分，可以改变材料的禁带宽度，从而获得不同波长的可见光的带间辐射[21]。1993 年，NAKAMURA 等制造出了第一个具有 InGaN / GaN 双异质结构（DH）的 LED，并随后生长出了 InGaN 多量子阱（MQW）结构[24]。1995 年，NAKAMURA 等制造了第一个蓝/绿 InGaN 单量子阱（SQW）结构的 LED[25]，并在随后制造了含有 InGaN 有源层的 UV LED[26-27]。

4.1.2 MOCVD 外延生长现状

1984 年，松下公司的 MANASEVIT 等报道了使用金属有机化学气相沉积法（MOCVD）生长出的第一个蓝色 GaN LED 外延晶片[28]。如今，MOCVD 已成为包括基于 GaN 材料的 LED 在内的光电子器件制造业中广泛采用的技术 [29-33]。

如图 4-1 所示，简单地说，NUV LED 外延晶片的主要结构包括：n-GaN 层、MQW 和 p-GaN 层。通过分别向 p-GaN 层和 n-GaN 层注入空穴和电子，可促使空穴和电子在有源 MQW 中发生辐射复合过程从而产生光子。MQW 中的有源层可以是铝镓氮（$Al_xGa_{1-x}N$）或铟镓氮（$In_xGa_{1-x}N$）。通常，$Al_xGa_{1-x}N$ 应用于发射小于 380 nm 的波长，而 $In_xGa_{1-x}N$ 可以通过调节铟的含量从而覆盖整个可见光波段。在 GaN、InGaN 和 AlGaN 外延生长中，镓（Ga）、氮（N）、铟（In）和铝（Al）的反应气体通常分别是三甲基镓（TMG）、氨气（NH_3）、三甲基铟（TMIn）和三甲基铝（TMA）[32-33]。当生长 MQW 时，GaN 势垒与 $In_xGa_{1-x}N$ 或 $Al_xGa_{1-x}N$ 量子阱之间晶格常数的不匹配会导致内部应变。不同材料层中的应变引起压电场，其可以影响 LED 的内量子效率（IQE）。

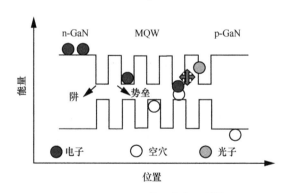

图 4-1　发光二极管的基本结构[10]

通常，在 n-GaN 和 p-GaN 层的生长过程中，硅原子常常作为生长 n-GaN 的 n型掺杂剂,而Mg原子则是作为生长p-GaN 的p型掺杂剂。更具体地说,甲硅烷（SiH_4）用于 Si 的 n 型掺杂，双环戊二烯基镁（Cp_2Mg）用于 Mg 的 p 型掺杂。尤其在 p-GaN的生长过程中，所使用的 Mg 原子的掺杂浓度必须足够高才能使生长出的 p-GaN 具有合理的导电性。这是因为 Mg 原子具有相对高的活化能（约 150 MeV），因此限

制了空穴的离化效率[34-35]。

用于 MOCVD 生长的 LED 的衬底也影响着在其上所生长的外延层的质量。如今，蓝宝石衬底和 SiC 衬底已被广泛应用于 III-V 氮化物的外延生长中。在蓝宝石衬底上生长的基于 GaN 的发光二极管，加以 AlN 或 GaN 材料的薄缓冲层辅助，可以提供十分优良的发光能力。但是蓝宝石衬底也具有一些缺点，包括 GaN 与蓝宝石之间的晶格失配高达 14%[36]，这可能导致生长的薄膜中的位错密度较高。此外，蓝宝石较高的热膨胀系数和较低的热导率也会降低 GaN 薄膜的质量[37]。

与蓝宝石衬底相比，SiC 衬底具有更小的晶格失配（4%），因此可以使得生长于其上的 GaN 外延层含有较少的位错[36]。此外，SiC 的导热系数比蓝宝石的导热系数高 10 倍以上[37]，这使得 SiC 在高功率产品的应用中成为一种很有前途的材料。总体而言，蓝宝石和 SiC 衬底都具有其各自的优点，应用的特定需求决定了不同的选择。对于 SiC 衬底，尽管其 NUV LED 外延层的 MOCVD 生长技术不如蓝宝石衬底那样成熟，但由于其所具有的优点，SiC 衬底也在 LED 产业中得到了越来越多的应用。

4.1.3　LED 发展现状

LED 的性能是否优良可以通过评估外量子效率（EQE）来判断。外量子效率被定义为 LED 向外发射的光子除以注入 LED 的载流子的比率，它是内量子效率（IQE）和光引出效率（LEE）的乘积。其中 IQE 是从 MQW 内部发射的光子除以注入 LED 的载流子的比率，而 LEE 是指 LED 向外部发射的光子除以 MQW 在 LED 内部发射的光子的比率。由此可见，要获得较高的 EQE 值，需要对 IQE 和 LEE 值进行优化[38]。

为了得到具有较高 IQE 值的 LED，需要限制不能辐射光子的空穴电子–非辐射复合现象，例如在缺陷中发生的非辐射复合以及非辐射俄歇复合。这可以通过在 LED 外延晶片的生长过程中降低生长期间产生的缺陷密度以提高晶体质量。目前，蓝光 LED 在电流密度小于 30 A/cm^2 时，可获得高达 80% 的 IQE[38]。但是，NUV LED 的 IQE 值却始终远远低于蓝光 LED。这是因为 NUV LED 的 MQW 中的铟含量相比于蓝光 LED 较低。这导致在 NUV LED 的 MQW 中阱和势垒之间的能量差值较小。因此，注入 NUV LED MQW 中的载流子很容易从量子阱中逸出，从而限制了 NUV LED 的 IQE [39-40]。例如在该工作中使用的 NUV LED 的外延晶片的 IQE 只有约 25%。

对于 LEE 值，在 LED 和空气界面处存在的折射率差异使得 LED 中相当大一部分产生的光子在从 LED 向空气传播时在界面处发生全反射，因此容易被困在 LED 中而无法传播至外界，从而限制了 LEE[38]。为了提高 LED 的 LEE，表面粗糙化技术在 LED 产业中已得到广泛研究和应用[41]。表面粗糙化技术的原理是通过增加表面结构来增加侧壁表面，为光子提供更多的路径和更多的机会，以此在接近垂直的方向上到达界面，从而最大程度地限制发生在 LED 内部的全反射。此外其他类似的用于提高 LED 的 LEE 的方法还有使用光子晶体[42]或具有结构的生长衬底等[43-45]。

| 4.2　近紫外 LED 的设计及制备 |

NUV LED 外延晶片的基本结构包括 n-GaN 层，其通常具有 2～3 μm 的厚度。在其之上，通常覆盖着若干个周期（通常为 8～10 个周期）的 MQW（例如 InGaN / GaN MQW），以此作为产生光子的有源层。另外，位于 MQW 顶部的是 p-GaN 层，其厚度通常为 100～150 nm。

如图 4-2 所示，NUV LED 器件的标准制造工艺主要包含了 3 个步骤。在制造期间，首先，在 NUV 外延晶片上制作 GaN 台面，以此显露出 n-GaN 层；随后，在 p-GaN 表面上制造电流扩展层（CSL），用以限制由 p-GaN 的电阻而引起的电流拥挤效应，从而在 p-GaN 表面上更加均匀地扩散电流；最后，在 n-GaN 和 p-GaN 表面分别制造 n 型和 p 型电极，以便于电流注入。下面将会更详细地介绍该标准制造工艺[10]。

4.2.1　LED 台面制造

制造台面的目的是通过刻蚀暴露 n-GaN 层，以便随后制造 n 型电极，从而可以通过 p-GaN 和 n-GaN 分别注入空穴和电子。该工作中所采用的 NUV LED 外延晶片由 MOCVD CRUIS I 生长，结构如图 4-3 所示，该外延晶片的基本结构包括 2.5 μm 的 n-GaN 层（掺杂浓度为 1.5×10^{19} cm^{-3}）。n-GaN 层之上有 9 个周期的 InGaN/GaN 多层量子阱和 130 nm 的 p-GaN 层（掺杂浓度为 2×10^{19} cm^{-3}）。在 p-GaN 上，存在 Mg 的高掺杂 p$^+$-GaN 层，其厚度为 15 nm，掺杂浓度为 2×10^{20} cm^{-3}。GaN 台面的标准制造步骤如图 4-4 所示。

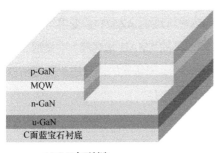

(a) GaN台面制造

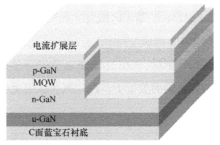

(b) 电流扩展层制造

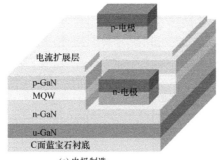

(c) 电极制造

图 4-2　NUV LED 器件的基本设计与制造步骤

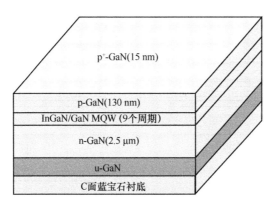

图 4-3　NUV LED 晶片的外延结构

图 4-4（a）～图 4-4（d）中展示了光刻胶台面的制作流程[10]。在制作过程中，首先，通过等离子体增强化学气相沉积法在 NUV LED 样品上沉积 300 nm 的二氧化硅层；然后，将 1.6 μm AZ5214E 的正型光刻胶旋涂在样品表面，接着在 90℃的热板上烘烤 90 s 以去除溶剂；随后，对 AZ5214E 进行 UV 曝光。在曝光过程中使用具有台面图形的掩膜版，曝光强度为 13 mW/cm², 时间长度为 10 s。在曝光过程中，

AZ5214E 的曝光区域发生光刻胶分子断链，使得曝光区域的 AZ5214E 变得可溶于显影剂中。显影过程中，样品在显影剂 AZ726 MIF（2.38%的 TMAH 水溶液）中浸泡 30 s 进行显影后，AZ5214E 的被曝光部分在显影剂中被溶解，未曝光的部分由于不可溶解于显影剂而被留下，在二氧化硅层上形成光刻胶台面结构。

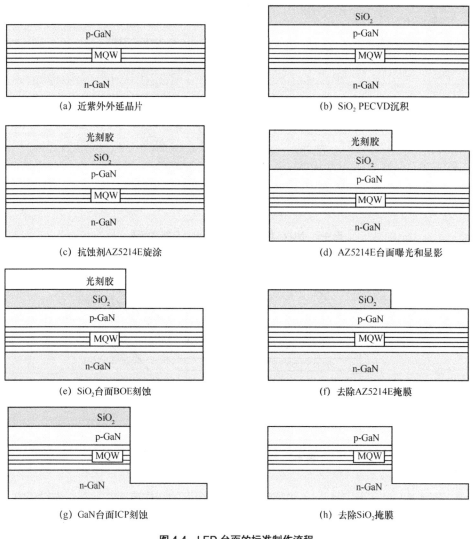

(a) 近紫外外延晶片

(b) SiO₂ PECVD沉积

(c) 抗蚀剂AZ5214E旋涂

(d) AZ5214E台面曝光和显影

(e) SiO₂台面BOE刻蚀

(f) 去除AZ5214E掩膜

(g) GaN台面ICP刻蚀

(h) 去除SiO₂掩膜

图 4-4　LED 台面的标准制作流程

　　图 4-4（e）和图 4-4（f）展示了二氧化硅台面的制作流程。在形成光刻胶台面之后，将样品浸入缓冲氧化物蚀刻剂（BOE）中（NH₄F∶HF = 87.5%∶12.5%）2 min

后，没有光刻胶覆盖的二氧化硅部分被 BOE 刻蚀，以此将台面结构从光刻胶层转移到二氧化硅层。二氧化硅台面结构形成之后，使用氧气等离子体以 100 W 的功率去除 AZ5214E 光刻胶，仅在 p-GaN 上留下二氧化硅台面。形成之后的二氧化硅台面将在随后的 GaN 台面的干刻蚀中作为掩膜。

图 4-4（g）和图 4-4（h）展示了 GaN 台面的制作流程。该过程通过使用 Cl_2 和 BCl_3 作为刻蚀气体的电感耦合等离子体蚀刻来进行 GaN 的干刻。以二氧化硅为掩膜，台面结构从二氧化硅层转移到 GaN 层，1.4 μm 的蚀刻深度使得 n-GaN 层暴露。之后，二氧化硅通过浸泡于 5% 氢氟酸中 10 min 除去，在 NUV LED 样品上仅留下 GaN 台面。最后，带有 GaN 台面的 LED 样品通过快速热退火过程在氮气中 500℃ 温度下退火 10 min，随后在 37% 的盐酸溶液中钝化 1 h[46]。

4.2.2　LED 电流扩展层和电极的制造

图 4-5 显示了带有 GaN 台面的 NUV LED 样品的电流扩展层和电极的标准制造步骤。电流扩展层可以帮助 LED 避免电流拥挤效应，使得当空穴注入 p-GaN 层时能产生更均匀的载流子分布。在本节中，所制造的电流扩展层是传统的镍（Ni）/金（Au）层，其由于具有优良的电性能，而被广泛应用于 LED 产业中[47]。

图 4-5（a）～图 4-5（d）显示了标准 Ni/Au 电流扩展层的制造步骤。首先在 LED 样品上旋涂一层 2 μm 的 N-LOF 2020 负型光刻胶，然后在 110 ℃ 的热板上烘烤 1 min 以除去溶剂。然后，对 N-LOF 2020 进行 UV 曝光。在曝光过程中使用具有电流扩展层图形的掩膜版，曝光强度为 13 mW/cm^2，时间长度为 10 s。曝光之后，样品在 110 ℃ 的热板上烘烤 1 min。在该过程中，N-LOF 2020 曝光过的区域发生分子交联，使得曝光区域的光刻胶变得不溶于显影剂。随后，将样品在显影剂 AZ726 MIF 中显影 30 s，以此溶解未曝光区域的 N-LOF 2020，溶解的 N-LOF 2020 在胶层上留下开口，用于电流扩展层导电材料的沉积。通过电子束蒸镀过程，电流扩展层材料 10 nm Ni/40 nm Au 被沉积于胶层之上。在最后的金属剥离过程中，样品浸泡于可溶解光刻胶的去光阻剂 1165 中并加以超声波辅助。15 min 后，光刻胶以及覆盖在其表面的金属层被去除，只留下了沉积于胶层开口的金属材料，从而在 GaN 台面的 p-GaN 表面上形成 10 nm Ni/40 nm Au 的电流扩展层。

图 4-5（e）～图 4-5（h）展示了 p 型电极和 n 型电极的制造步骤。形成 p 型电极

和 n 型电极的材料相同，制造步骤与电流扩展层大致相同，但有两个不同之处。其中一个不同之处在于用于曝光的掩膜版对于电流扩展层结构和电极结构具有不同图案。另一个不同之处是电极所用的材料 30 nm 钛（Ti）和 200 nm Au 是 LED 应用中的标准电极材料[48]。在 N-LOF 2020 旋涂、UV 曝光和显影、金属蒸镀和剥离之后，分别在 p-GaN 和 n-GaN 表面上形成 30 nm Ti/200 nm Au 的 p 型电极和 n 型电极。

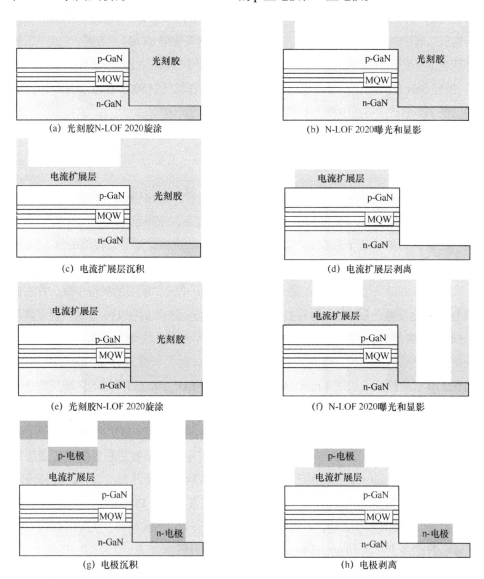

图 4-5　LED 电流扩展层和电极的标准制造流程

上文所描述的 LED 器件的标准制造工艺被广泛应用于 LED 科学研究以及 LED 工业中[49]。图 4-6 显示了标准制造工艺生产的 NUV LED 器件，器件尺寸也标注其中。

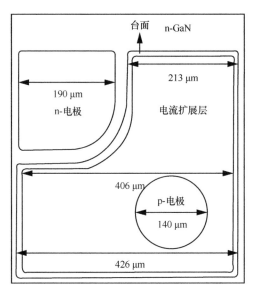

图 4-6　标准流程制造的 NUV LED 器件

| 4.3　近紫外 LED 的电学表征 |

在采用标准工艺对 NUV LED 外延晶片进行加工制造之后，本小节对制造出的 NUV LED 器件的电学特性进行表征[10]。

4.3.1　NUV LED 器件的 EL

图 4-7（a）展示了点亮的 NUV LED 器件的照片。图 4-7（b）显示了器件的 EL 光谱[10]。NUV LED 器件的电流注入由 Model 2450 交互式数字源表仪器系统执行，且出射光被耦合到 CAS 140-B 光谱仪的大芯光纤进行收集。在 20 mA 的电流下，NUV LED 器件成功发出 NUV 光，并且可从光谱图中看出，该 NUV LED 器件的 EL 峰值波长为 388 nm。

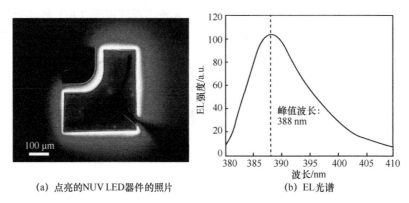

(a) 点亮的NUV LED器件的照片　　　　　(b) EL光谱

图 4-7　使用标准工艺制造的 NUV LED 器件的照片和 EL 光谱

4.3.2　NUV LED 器件的 *I-U* 曲线

图 4-8 展示了 NUV LED 器件的 *I-U* 曲线。该曲线使用 Model 2450 交互式数字源表仪器系统进行 *I-U* 测量。从图中可以看出，该器件具有约 3 V 的开启电压，与部分已发表结果相似[50-51]。另外，图 4-8 中显示，通过线性拟合 LED 器件开启后的曲线可以估算出，其串联电阻约为 27.8 Ω，这也与部分已发表结果相似[50-51]。

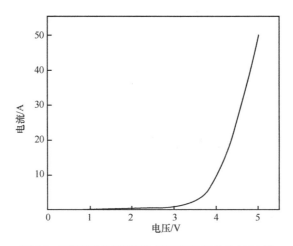

图 4-8　使用标准工艺制造的 NUV LED 器件的 *I-U* 曲线

4.3.3　传统 Ni/Au 电流扩展层的 TLM 测试

为了测试 Ni/Au 电流扩展层的欧姆特性，该节对 LED 器件所使用的传统 Ni/Au 电流扩展层进行了传输线方法（Transfer Line Method，TLM）测试。TLM 测试所使用的样品结构如图 4-9 所示。由图可知，在 p-GaN 台面上，具有数条尺寸一致的 Ni/Au 矩形。相邻 Ni/Au 矩形之间具有不同的间隔。p-GaN 台面的功能是当在相邻的 Ni/Au 矩形上进行 I-U 测量时可以限制电流的方向，使得测量结果更为精确。

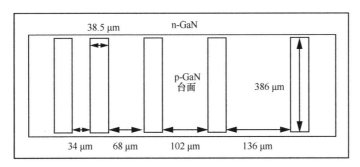

图 4-9　TLM 测试结构

通过测量每两个相邻的 Ni/Au 矩形可以得到一条相应的 I-U 曲线，所有得到的 I-U 曲线如图 4-10 所示。这些 I-U 曲线所展示的线性特性表明 Ni/Au 电流扩展层具有欧姆接触的性质。通过计算每条 I-U 曲线的斜率 S，可以由 1/S 提取出相应的电阻。表 4-1 中列出了所有 I-U 曲线的斜率和相应的电阻。

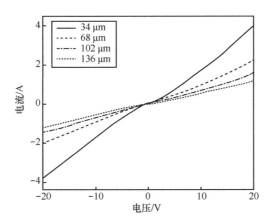

图 4-10　不同间距相邻 TLM 测试结构的 I-U 曲线

如图 4-11 所示，根据表 4-1 中列出的数据，可以绘制出一条电阻与结构间距的关系曲线。将测量到的电阻作为 y 轴值，相应的结构间距作为 x 轴值，可以得到数个点，对点进行拟合后，即可得到图中的曲线。随后，Ni/Au 电流扩展层的接触电阻率可以通过以下 3 个公式进行计算[52]。

比接触电阻 = 接触电阻 × 转换长度 × 结构长度

接触电阻=（曲线与 y 轴交点截距）/2

转换长度=−（曲线与 x 轴交点截距）/2

表 4-1　由不同 I-U 曲线得出的相应电阻

结构间距/μm	斜率	电阻/Ω
34	0.21 500	4.651
68	0.12 000	8.333
102	0.08 100	12.346
136	0.06 197	16.137

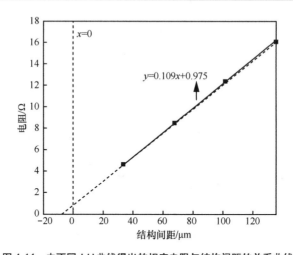

图 4-11　由不同 I-U 曲线得出的相应电阻与结构间距的关系曲线

Ni/Au 矩形的长度为 386 μm，可以从图 4-11 中提取出 y 轴的截距为 0.975，而 −8.945 是其 x 轴的截距。根据上面列出的公式，Ni/Au 电流扩展层的比接触电阻为 $8.4×10^{-6}$ Ω·cm^2，与部分已发表结果相似[53-56]。根据以上对 LED 器件的表征结果可以看出，Ni/Au 是一种具有优良电性能的电流扩展层[53-56]。

4.3.4　传统 Ni/Au 电流扩展层的透射率测试

在该小节中通过使用 OL 700-71 15.24 cm 直径的积分球系统并在氙灯和 CAS 140 B 光谱仪的帮助下，测量了 C 面蓝宝石衬底上的 Ni/Au 电流扩展层的透射率。图 4-12 展示了 10 nm Ni/40 nm Au 电流扩展层的透射光谱。如图 4-12 所示在 380～390 nm（此为该工作中 NUV LED 器件的峰值范围）的 NUV 波长范围内，其透射率为 15%～16%，这也与部分已发表结果相似[54]。较低的透射率将会限制 LED 的 LEE 从而降低 LED 的性能。为了改善这一点，人们对更加透明的材料（例如透明导电氧化物）进行研究，通过采用透射率高的 CSL 来提高 LED 器件的效率[57-59]。

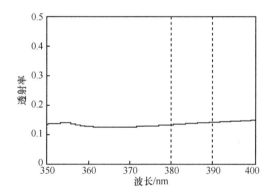

图 4-12　传统 Ni/Au 电流扩展层的透射光谱（排除 86% 的 C 面蓝宝石衬底透射率）

|4.4　近紫外 LED 在可见光通信中的应用 |

紫外光波是一种电磁波，具有很强的散射特性。紫外光通信（利用波长为 200～280 nm 的波段进行通信）正是利用这一特点，通过发射携带通信信息的紫外光，以大气为传输信道进行自由空间近距离通信。UV LED 通信主要是以大气散射和吸收为基础，利用中紫外波段的紫外光进行的通信，是常规通信的一种重要补充。与常规通信方式相比，紫外光通信有其独有的优点。

（1）系统抗干扰能力强

大气层中臭氧层和氧气层对紫外线的强力吸收和反射作用，使得到达近地表面的自然紫外线非常少，同时在散射作用下，这些少量的紫外线均匀分布于近地表面，这些背景噪声在接收端可以被看成是很小的直流电平信号，可以通过滤波方式去除掉。同时紫外线衰减较快，即使使用大功率的发射机，敌方也不能在远距离处对本地紫外通信实施干扰。

（2）全方位、全天候工作

紫外光通信不具有强烈的方位性，因为紫外线的散射能力强，通信系统不需要对准设备，只要在以发射机为中心的通信距离内都能够实现信息传输。紫外通信的波段范围一般选择波长为 200～300 nm 的日盲区，而地表在这个波段辐射很少，可以全天候工作。

（3）数据传输的保密性高

由于大气的强吸收作用，系统辐射的紫外光通信信号的强度按指数规律衰减，通信距离有限。超出一定的通信距离时，即便采用高灵敏度的紫外线探测器也不能对紫外通信信号进行截获窃听。另外，紫外线为不可见光，通信信号又是以散射形式向各个方向进行发射的，肉眼很难发现信号源的位置，也不能够通过接收到的通信信号对信号源进行定位，从而确保了发射机的隐蔽性和安全性。

（4）实现非视距通信

由于大气中存在大量的粒子，紫外辐射在传输过程中存在较大的散射现象，这种散射特性使紫外光可以绕过障碍物以非直线的方式传播，实现非视距通信[60]。

紫外光在通信系统中的应用为人们提供一种新的宽带接入技术，来突破宽带接入的瓶颈。但紫外光的这些特点也使得其不可能在人们的日常通信中应用，目前主要应用于一些特殊场合，如军事通信领域。可见光通信以可见光波段（400～760 nm）的光作为载体来传输信息。在通信过程中，具有高响应灵敏度的可见光 LED 通过发出明暗闪烁的高频信号将所加载的经过调制的数据进行传输，当可见光载波到达接收端时，光电转换器件接收并对载波信息解调，从而达到信息传输的目的。该技术不仅具有紫外光通信安全系数高、不产生也不易受电磁波干扰、隐秘性强的优点，而且还实现照明与通信的有机结合，具有成本低、对人体无害的特点[61]。

现如今，白光 LED 是可见光通信中常用的光源之一，但其有限的调制带宽是限制可见光通信数据传输率的重要因素之一[62]。除此之外，可用的光源还包括红外、近紫外等发射其他波段的 LED 光源。CUI 等[62]比较了红外（中心波长 850 nm）、近紫外（中心波长 375 nm）和可见光（中心波长 470 nm）LED 在通信应用中的优势与不足。他指出，与近紫外 LED 相比，另外两种 LED，尤其是可见光 LED 在使用过程中，需要更为严格的安全要求，这也在一定程度上对它们的使用造成了不便。但近紫外 LED 也具有一些缺点，在非视距传输过程中，相比于使用红外 LED 或可见光 LED，使用近紫外 LED 所产生的路径损耗较大，且三者中使用红外 LED 所造成的路径损耗最小，但在视距传输中，NUV LED 也许相较于其他两者会是更好的选择。另外，相较于近紫外 LED，红外 LED 和可见光 LED 在通信过程中更容易受到来自其他光源的背景干涉，而可见光所受到的背景干涉影响在三者中最为突出，这也将降低光载波所传输信号的质量。

LED 的调制特性是其在可见光通信中应用的一个重要影响因素，而白光 LED 的调制性能通常较低，不利于其在高速可见光通信中的应用。由于紫外光源具有性能好、功率高、调制性能好等优点，利用紫外或近紫外光源激发荧光粉产生白光逐渐引起了研究者的关注。SAKUTA 等[63]用外量子效率高于 45% 的近紫外 LED 激发高显色性磷光体转换发出白光。PARK 等[64]采用银纳米线结合氧化铟锡薄膜作为近紫外 AlGaN 基 LED 的 p 电极，以提高光输出功率。

NARUKAWA 等[65-66]使用 InGaN 基近紫外 LED（波长为 400 nm）芯片激发荧光粉产生白光。尽管用紫外或近紫外 LED 激发荧光粉产生白光能得到较好的效果，但其应用主要还是集中在照明方面。LEE 等[67]首次使用 410 nm 的近紫外激光二极管（LD）激发红光、绿光和蓝光荧光粉产生高质量白光并用其进行数据通信，所使用的近紫外 LD 的调制带宽为 1 GHz，实现了 1 Gbit/s 以上的数据传输速率，由此证明基于 NUV 激光器的 VLC 系统能够满足高质量照明和高速低噪声的通信要求。图 4-13 给出了 LEE 等[67]所采用的基于近紫外激光的白光通信系统原理。

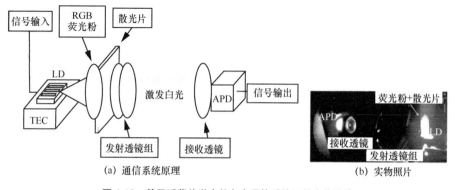

图 4-13　基于近紫外激光的白光通信系统及其实物照片

碳化硅（SiC）在过去几十年中已成为一种流行的工业材料，被广泛应用于波导、生物传感器和 LED 等各个领域[68-70]。由于 SiC 具有非常好的导热性，与 GaN 的晶格失配较小，可以作为较好的 GaN 生长衬底，而且 SiC 材料丰富，不含有荧光粉中的稀土元素材料，因此发光 SiC 被认为是环境友好型的波长转换器[71]。同时通过测量多孔 SiC 的载流子寿命，得到其光子衰减时间为 70 ps，这表明利用近紫外光激发多孔 SiC 进行波长转换得到白光用于可见光通信将具有广阔的应用前景[71]。为此，我们设计了一种混合型荧光碳化硅（f-SiC）LED 并尝试将其应用于可见光通信中。图 4-14 所示为封装得到的混合型 f-SiC LED 照片，其中采用的 LED 为近紫外 LED，上面的盖片为用于波长转换的 SiC 材料。

采用第 2 章介绍的 LED 的带宽测试方法，对近紫外 LED 的调制带宽进行测试，其测试结果如图 4-15 所示。从图中可以看出，近紫外 LED 的 3 dB 调制带宽为 175 MHz，10 dB 调制带宽为 230 MHz，都明显高于第 2 章中的绿光 LED 和商用 LED。但由于 SiC 材料的光转换效率还需要进一步优化，无法满足可见光通信的探测器灵敏度要求，目前尚无法真正用于可见光通信中。随着科学技术的高速发展，相信将近紫外 LED 激发 SiC 材料产生白光应用于高速可见光通信中将指日可待。

图 4-14　混合型 f-SiC LED 照片

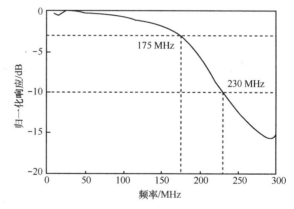

图 4-15　近紫外 LED 的频率响应曲线

|4.5　本章小结|

本章首先介绍了半导体发光器件从间接带隙材料到直接带隙材料，从 n-GaN 到

p-GaN 再到高效 GaN 合金材料的发展历史。随后，从反应气体、掺杂原子以及常用衬底等方面介绍了 NUV LED 外延晶片的 MOCVD 外延生长技术现状。最后，通过比较 NUV LED 器件的 IQE 和 LEE 两个性能指标，对 LED 发展现状进行分析。

　　随后，本章详细说明了具有传统 Ni/Au CSL 的 NUV LED 器件的标准制造工艺流程。该标准流程主要包含了台面制造、CSL 制造以及电极制造 3 个主要步骤。其中台面制造以光刻技术与刻蚀技术为辅助，通过在光刻胶层、SiO$_2$ 层以及 GaN 层中的图形转移来实现。随后的 CSL 以及电极制造则通过光刻、导电材料沉积以及材料剥离来实现。最终成功制造了具有传统 Ni/Au CSL 的 NUV LED 器件。

　　在制造之后的 NUV LED 器件的表征过程中，20 mA 的注入电流成功实现了 NUV LED 器件的电致发光，且器件峰值波长约为 388 nm。I-U 曲线测量显示，该器件的开启电压约为 3 V，串联电阻约为 27.8 Ω。另外，在 TLM 测量中所得到的 Ni/Au CSL 的线性 I-U 曲线表明其欧姆性能，且通过计算得到约为 8.4×10^{-6} Ω·cm^2 的接触电阻率。虽然 Ni/Au CLS 具有良好的电性能，但是其在 NUV 波长范围内的透射率小于 20%，会限制器件的性能。

　　最后，对于紫外 LED 在可见光通信中的应用，本章列举了与常规通信相比紫外光通信所具有的特点与优势。特别是与红外 LED 和可见光 LED 相比，NUV LED 在安全要求和背景干涉方面具有相对优势。此外，本章介绍了基于近紫外光的白光通信系统，尤其是对近紫外 LED 激发 SiC 材料产生白光应用于高速可见光通信进行了讨论分析。近紫外 LED 具有高调制带宽的优势，虽然 SiC 材料的光转换效率暂时无法满足可见光通信的探测器灵敏度要求，但其前景可期。

| 参考文献 |

[1] MURAMOTO Y, KIMURA M, NOUDA S. Development and future of ultraviolet light-emitting diodes: UV-LED will replace the UV lamp[J]. Semiconductor Science and Technology, 2014, 29(8): 084004.

[2] RAZEGHI M, HENINI M. Optoelectronic devices: III-nitrides[M]. [s.l.]: Elsevier Science, 2005.

[3] GUIJTR M, BREADMOREM C. Maskless photolithography using UV LEDs[J]. Lab on a Chip, 2008, 8(8): 1402-1404.

[4] JI R, HORNUNG M, VERSCHUUREN M A, et al. UV enhanced substrate conformal imprint lithography (UV-SCIL) technique for photonic crystals patterning in LED manufacturing[J].

Microelectronic Engineering, 2010, 87(5-8): 963-967.

[5] WÜRTELE M A, KOLBE T, LIPSZ M, et al. Application of GaN-based ultraviolet-C light emitting diodes-UV LEDs-for water disinfection[J]. Water Research, 2011, 45(3): 1481-1489.

[6] BING C Y, MOHANAN A A, SAHA T, et al. Microfabrication of surface acoustic wave device using UV LED photolithography technique[J]. Microelectronic Engineering, 2014, 122: 9-12.

[7] KHEYRANDISH A, MOHSENI M, TAGHIPOUR F. Development of a method for the characterization and operation of UV-LED for water treatment[J]. Water Research, 2017, 122: 570-579.

[8] LIN L, OU Y, ZHU X, et al. Electroluminescence enhancement for near-ultraviolet light emitting diodes with graphene/AZO-based current spreading layers[C]//6th International Conference on Light-Emitting Devices and Their Industrial Applications, April 25-27, 2018, Kanagawa, Japan. Piscataway: IEEE Press, 2018.

[9] LIN L, JENSEN F, HERSTROM B, et al. Current spreading layer with high transparency and conductivity for near-ultraviolet light emitting diodes[C]//5th International Workshop on LEDs and Solar Application, September 13-14, 2017, Technical University of Denmark, Kgs Lyngby. Piscataway: IEEE Press, 2017.

[10] LIN L. Fabrication of near-ultraviolet light-emitting diodes for white light source applications using fluorescent-silicon carbide[D]. Denmark: Technical University of Denmark, 2018.

[11] LIN L, OU Y, JOKUBAVICIUS V, et al. An adhesive bonding approach by hydrogen silsesquioxane for silicon carbide-based LED applications[J]. Materials Science in Semiconductor Processing, 2019, 91: 9-12.

[12] MARUSKA H P, RHINES W C. A modern perspective on the history of semiconductor nitride blue light sources[J]. Solid-State Electronics, 2015, 111: 32-41.

[13] POTTER R M, BLANK J M, ADDAMIANO A. Silicon carbide light-emitting diodes[J]. Journal of Applied Physics, 1969, 40(5): 2253-2257.

[14] EDMOND J A, KONG H S, CARTER C H. Blue LEDs, UV photodiodes and high-temperature rectifiers in 6H-SiC[J]. Wide-Band-Gap Semiconductors, 1993, 185(1-4): 453-460.

[15] GRIMMEISS H G, SCHOLZ H. Efficiency of recombination radiation in GaP[J]. Physics Letters, 1964, 8(4): 233-235.

[16] MARUSKA H P, TIETJEN J J. The preparation and properties of vapor-deposited single-crystal-line GaN[J]. Applied Physics Letters, 1969, 15(10): 327-329.

[17] SIDDIQI G, PAN Z, HU S. III-V Semiconductor Photoelectrodes[J]. Elsevier, 2017, 97: 81-138.

[18] PANKOVE J I, MILLER E A, BERKEYHEISER J E. GaN blue light-emitting diodes[J]. Journal of Luminescence, 1972, 5(1): 84-86.

[19] MARUSKA H P, RHINES W C, STEVENSON D A. Preparation of Mg-doped GaN diodes exhibiting violet electroluminescence[J]. Materials Research Bulletin, 1972, 7(8): 777-781.

[20] MARUSKA H P, STEVENSON D A, PANKOVE J I. Violet luminescence of Mg-doped GaN[J]. Applied Physics Letters, 1973, 22(6): 303-305.

[21] MUKAI T, YAMADA M, NAKAMURA S. Characteristics of InGaN-based UV/blue/green/amber/red light-emitting diodes[J]. Japanese Journal of Applied Physics, 1999, 38(7R): 3976.

[22] MUKAI T, NAGAHAMA S, IWASA N, et al. Nitride light-emitting diodes[J]. Journal of Physics: Condensed Matter, 2001, 13(32): 7089.

[23] NAKAMURA S, MUKAI T. High-quality InGaN films grown on GaN films[J]. Japanese Journal of Applied Physics, 1992, 31(10B): L1457.

[24] NAKAMURA S, SENOH M, MUKAI T. P-GaN/N-InGaN/N-GaN double-heterostructure blue-light-emitting diodes[J]. Japanese Journal of Applied Physics, 1993, 32(1A): L8.

[25] NAKAMURA S, SENOH M, IWASA N, et al. Superbright green InGaN single-quantum-well-structure light-emitting diodes[J]. Japanese Journal of Applied Physics, 1995, 34(10B): L1332.

[26] MUKAI T, MORITA D, NAKAMURA S. High-power UV InGaN/AlGaN double-heterostructure LEDs[J]. Journal of Crystal Growth, 1998, 189: 778-781.

[27] MUKAI T, NAKAMURA S. Ultraviolet InGaN and GaN single-quantum-well-structure light-emitting diodes grown on epitaxially laterally overgrown GaN substrates[J]. Japanese Journal of Applied Physics, 1999, 38(10R): 5735.

[28] MANASEVIT H M, HESS K L. The use of metalorganics in the preparation of semiconductor materials[J]. Journal of the Electrochemical Society, 1979, 126(11): 2031-2033.

[29] NAKAMURA S. GaN growth using GaN buffer layer[J]. Japanese Journal of Applied Physics, 1991, 30(10A): L1705.

[30] LIU B L, LACHAB M, JIA A, et al. MOCVD growth of device-quality GaN on sapphire using a three-step approach[J]. Journal of Crystal Growth, 2002, 234(4): 637-645.

[31] ZHANG X G, SODERMAN B, ARMOUR E, et al. Investigation of MOCVD growth parameters on the quality of GaN epitaxial layers[J]. Journal of Crystal Growth, 2011, 318(1): 436-440.

[32] ZILKO J L. Metal organic chemical vapor deposition: technology and equipment[J]. Handbook of Thin Film Deposition Processes and Techniques (Second Edition), 2011: 151-203.

[33] HAGEMAN P R, SCHERMER J J, LARSEN P K. GaN growth on single-crystal diamond substrates by metalorganic chemical vapour deposition and hydride vapour deposition[J]. Thin Solid Films, 2003, 443(1-2): 9-13.

[34] NAKAMURA S, SENOH M, MUKAI T. Highly p-typed Mg-doped GaN films grown with GaN buffer layers[J]. Japanese Journal of Applied Physics, 1991, 30(10A): L1708.

[35] FU H, ZHANG X, FU K, et al. Demonstration of nonpolar m-plane vertical GaN-on-GaN pn power diodes grown on free-standing GaN substrates[J]. Applied Physics, 2018, 18(06): 05308.

[36] LEE C D, RAMACHANDRAN V, SAGAR A, et al. Properties of GaN epitaxial layers grown

on 6H-SiC (0001) by plasma-assisted molecular beam epitaxy[J]. Journal of Electronic Materials, 2001, 30(3): 162-169.

[37] ZHANG L, YU J, HAO X, et al. Influence of stress in GaN crystals grown by HVPE on MOCVD-GaN/6H-SiC substrate[J]. Scientific Reports, 2014, 4: 4179.

[38] DENBAARS S P, FEEZELL D, KELCHNER K, et al. Development of gallium-nitride-based light-emitting diodes (LEDs) and laser diodes for energy-efficient lighting and displays[J]. Acta Materialia, 2013, 61(3): 945-951.

[39] TIEN C H, CHUANG S H, LO H M, et al. ITO/nano-Ag plasmonic window applied for efficiency improvement of near-ultraviolet light emitting diodes[J]. Physica Status Solidi (a), 2017, 214(3): 0609.

[40] HONG S H, CHO C Y, LEE S J, et al. Localized surface plasmon-enhanced near-ultraviolet emission from InGaN/GaN light-emitting diodes using silver and platinum nanoparticles[J]. Optics Express, 2013, 21(3): 3138-3144.

[41] WINDISCH R, ROOMAN C, MEINLSCHMIDT S, et al. Impact of texture-enhanced transmission on high-efficiency surface-textured light-emitting diodes[J]. Applied Physics Letters, 2001, 79(15): 2315-2317.

[42] ODER T N, KIM K H, LIN J Y, et al. III-nitride blue and ultraviolet photonic crystal light emitting diodes[J]. Applied Physics Letters, 2004, 84(4): 466-468.

[43] KHIZAR M, FAN Z Y, KIM K H, et al. Nitride deep-ultraviolet light-emitting diodes with microlens array[J]. Applied Physics Letters, 2005, 86(17): 173504.

[44] KRAMES M R, OCHIAI-HOLCOMB M, HÖFLER G E, et al. High-power truncated-inverted-pyramid ($Al_x Ga_{1-x}$) 0.5 In 0.5 P/GaP light-emitting diodes exhibiting > 50% external quantum efficiency[J]. Applied Physics Letters, 1999, 75(16): 2365-2367.

[45] LOBO N, RODRIGUEZ H, KNAUER A, et al. Enhancement of light extraction in ultraviolet light-emitting diodes using nanopixel contact design with Al reflector[J]. Applied Physics Letters, 2010, 96(8): 081109.

[46] FADIL A, OU Y, ZHAN T, et al. Fabrication and improvement of nanopillar InGaN/GaN light-emitting diodes using nanosphere lithography[J]. Journal of Nanophotonics, 2015, 9(1): 093062.

[47] HORNG R H, WUU D S, LIEN Y C, et al. Low-resistance and high-transparency Ni/indium tin oxide ohmic contacts to p-type GaN[J]. Applied Physics Letters, 2001, 79(18): 2925-2927.

[48] MOHAMMAD S N. Contact mechanisms and design principles for nonalloyed ohmic contacts to n-GaN[J]. Journal of Applied Physics, 2004, 95(9): 4856-4865.

[49] FUNATO M, UEDA M, KAWAKAMI Y, et al. Blue, green, and amber InGaN/GaN light-emitting diodes on semipolar {11-22} GaN bulk substrates[J]. Japanese Journal of Applied Physics, 2006, 45(26): L659.

[50] LIN Y C, CHANG S J, SU Y K, et al. InGaN/GaN light emitting diodes with Ni/Au, Ni/ITO and ITO p-type contacts[J]. Solid-State Electronics, 2003, 47(5): 849-853.

[51] HUANG H W, KAO C C, CHU J T, et al. Improvement of InGaN-GaN light-emitting diode performance with a nano-roughened p-GaN surface[J]. IEEE Photonics Technology Letters, 2005, 17(5): 983-985.

[52] ABBAS T, SLEWA L. Transmission line method (TLM) measurement of (metal/ZnS) contact resistance[J]. International Journal of Nanoelectronics and Materials, 2015, 8: 111-120.

[53] SHEU J K, SU Y K, CHIG C, et al. High-transparency Ni/Au ohmic contact to p-type GaN[J]. Applied Physics Letters, 1999, 74(16): 2340-2342.

[54] HO J K, JONG C S, CHIU C C, et al. Low-resistance ohmic contacts to p-type GaN[J]. Applied Physics Letters, 1999, 74(9): 1275-1277.

[55] HO J K, JONG C S, CHIU C C, et al. Low-resistance ohmic contacts to p-type GaN achieved by the oxidation of Ni/Au films[J]. Journal of Applied Physics, 1999, 86(8): 4491-4497.

[56] QIAO D, YU L S, LAU S S, et al. A study of the Au/Ni ohmic contact on p-GaN[J]. Journal of Applied Physics, 2000, 88(7): 4196-4200.

[57] LIN L, OU Y, ZHU X, et al. InGaN/GaN ultraviolet LED with a graphene/AZO transparent current spreading layer[J]. Optical Materials Express, 2018, 8(7): 1818-1826.

[58] KUO C H, CHANG S J, SU Y K, et al. Nitride-based near-ultraviolet LEDs with an ITO transparent contact[J]. Materials Science and Engineering: B, 2004, 106(1): 69-72.

[59] OU S L, WU D S, LIU S P, et al. Pulsed laser deposition of ITO/AZO transparent contact layers for GaN LED applications[J]. Optics Express, 2011, 19(17): 16244-16251.

[60] 张晓阳, 董庆楠. 日盲紫外光通信的特点及问题分析[J]. 科技信息, 2009, (14): 359-359.

[61] HE J. 可见光通信及其关键技术研究[D]. 广州: 中山大学, 2016.

[62] CUI K, CHEN G, HE Q, et al. Indoor optical wireless communication by ultraviolet and visible light [J]. Proceeding of SPIE, 2009, 7464: 74640D-9.

[63] SAKUTA H, FUKUI T, MIYACHI T, et al. Near-ultraviolet LED of the external quantum efficiency over 45% and its application to high-color rendering phosphor conversion white LEDs[J]. Journal of Light & Visual Environment, 2008, 32(1): 39-42.

[64] PARK J S, KIM J H, KIM J Y, et al. Hybrid indium tin oxide/Ag nanowire electrodes for improving the light output power of near ultraviolet AlGaN-based light-emitting diode[J]. Current Applied Physics, 2016, 16(5): 545-548.

[65] NARUKAWA Y, NIKI I, IZUNO K, et al. Phosphor-conversion white light emitting diode using InGaN near-ultraviolet chip[J]. Japanese Journal of Applied Physics, 2002, 41(4A): L371.

[66] CHOI K J, PARK J K, KIM K N, et al. Phosphor-conversion white light emitting diode using InGaN near-ultraviolet chip[J]. Solid State Phenomena, 2007, 124: 499-502.

[67] LEE C, SHEN C, COZZAN C, et al. Gigabit-per-second white light-based visible light communication using near-ultraviolet laser diode and red, green, and blue-emitting phosphors[J]. Optics Express, 2017, 25(15): 17480-17487.

[68] OLIVEROS A, GUISEPPI-ELIE A, SADDOW S E. Silicon carbide: a versatile material for biosensor applications Biomed[J]. Microdevices, 2013, 15(2): 353-368.

[69] TANG X, WONGCHOTIGUL K, SPENCER M G. Optical waveguide formed by cubic silicon carbide on sapphire substrates[J]. Applied Physics Letters, 1991, 58(9): 917-918.

[70] XU H Y, CHEN X F, PENG Y, et al. Progress in research of GaN-based LEDs fabricated on SiC substrate[J]. Chinese Physics B, 2015, 24(6): 067305.

[71] OU H, LU W. Visible light emission from porous silicon carbide[C]//2017 IEEE/CIC International Conference on Communications in China (ICCC Workshops), October 22-24, 2017, Qingdao, China. Piscataway: IEEE Press, 2017: 1-4.

第 5 章

氮化镓 SLD

超辐射发光二极管（SLD）具有比一般激光二极管更宽的发光峰，并且抑制了激光发光产生的散斑噪声，因此近年来成为一种颇具潜力的新型发光器件。SLD 的发展驱动力最早来自成像和微型投影系统，随着可见光通信的发展，蓝紫光 SLD 也在 VLC 系统中显示出独特的优势。相比于传统的照明用 LED，蓝紫光 SLD 的调制带宽可达数百 MHz，同时蓝紫光 SLD 可以实现较高的输出光功率。本章将系统性地探讨氮化镓基蓝紫光 SLD 的设计、工艺与光电特性并展示基于 SLD 光源的可见光通信系统。

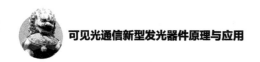

| 5.1　SLD 的原理与应用 |

　　基于 InGaN/GaN 量子阱结构的近紫外、蓝绿发光二极管[1-6]以及半导体激光器[7-10]技术近年来得到了长足的发展。这类器件作为半导体照明的核心发光元件，在包括通用照明、汽车照明、显示和植物照明等不同的领域得到了广泛的应用[11-12]。此外，近年来氮化物 LED 和激光器作为光发射器来实现信号的传输也越来越受到重视，特别是随着可见光通信和水下无线光通信（Underwater Wireless Optical Communication，UWOC）的提出，对这类器件的性能提出了新的要求[13-16]。相比于传统的射频无线通信技术，可见光通信具有一系列优势，诸如信道的使用不需审批，不产生电磁干扰（Electromagnetic Interference，EMI），保密性高，成本相对低廉，并且可以和照明光源相集成[13-15]。通过利用氮化物 LED 和激光器结合荧光材料制成的白光光源，可以直接进行调制从而同时实现固态照明和可见光通信的功能。

　　尽管高效率的蓝紫光 LED 和激光器已经实现了商业化生产，并且基于大功率蓝紫光 LED 和高速蓝紫光激光管的白光通信也已经在实验室得到了验证，但是这两类器件虽有各自的优势但也有不足。比如 InGaN/GaN 量子阱 LED 一直存在着效率下降效应[4-5]。该效应的存在使得蓝紫光 LED 在大电流驱动时的量子效率大大减小，因此实现高功率输出必须通过增加器件的尺寸来降低工作时的电流密度。同时，LED 的调制带宽相对较小（一般在 10 MHz 以下），这也限制了基于 LED 的可见光通信系统的数据传输率。对于氮化镓基激光器来说，由于其发光机理不同于 LED，不存在效率下降效应，因此被认为是未来高功率半导体光源的基础器件。同时，半导体激光器的调制带宽通常在 GHz 量级以上，远远大于同波长的 LED。但是直接使用激光作为光源会产生散斑噪声，并且基于激光的光源对于安全防护也有较高的要求[17]，这也进一步推高了激光光源的成本和结构的复杂性。而氮化镓基 SLD 这一新型器件结合了 LED 和激光器两者优势，其发光特性又能避免效率下降和散斑噪声的缺陷。因此，本章将探讨蓝紫光 SLD 的设计、工艺和性能，并探究其在固态照明和可见光通信中的应用。

SLD 是一类工作在放大自发辐射（Amplified Spontaneous Emission，ASE）模式下的器件，其发出的光具有空间相干、时域不相干的特性。红外 SLD 作为光学相干断层扫描、光纤陀螺仪和光线探测器等系统中的光源[18-20]，在医学成像和传感等领域已经得到了应用。然而由于材料体系、器件工艺的不同，可见光，特别是诸如蓝紫光等短波长发光的 SLD 并没有像红外 SLD 那样成熟。直到 2009 年前后才有关于基于氮化镓的 SLD 的报道。

近年来，美国、沙特阿拉伯、欧洲等国家和地区的研究团队报道了多种基于氮化镓基量子阱的 SLD[21-23]。作为一类发光器件，它的发光波长和光功率等性能参数是其最重要的性能指标。表 5-1 总结了目前文献报道的氮化镓基 SLD 的器件结构和性能指标，并比较了各个器件的衬底材料、设计结构、发光波长和输出光功率。

表 5-1　近年来报道的氮化镓基 SLD 的结构与性能总结

发光波长/nm	衬底材料	结构	波导设计	光功率/mW	文献
392	c-GaN	"j-型"波导	2.75 μm 宽	70（连续） 320（脉冲）	[24]
405	半极性 GaN	倾斜镜面	4 μm 脊形	20	[25]
405	c-GaN	倾斜波导	3 μm 脊形	0.65（脉冲）	[26]
405	c-GaN	吸收器	3/10 μm 脊形	25	[27]
405	c-GaN	倾斜波导	3/10 μm 脊形	125	[27]
405	c-GaN	"j-型"波导	弯曲波导	350	[28]
408	c-GaN	"j-型"波导	"j-型"波导	200	[29]
410～445	c-GaN	倾斜波导	2 μm 脊形	30～55	[30]
420	c-GaN	倾斜镜面	2 μm 脊形	2（连续） 100（脉冲）	[31]

（续表）

发光波长/nm	衬底材料	结构	波导设计	光功率/mW	文献
420	c-GaN	"j-型"波导 抗反射/高反射涂层	3 μm 脊形	200	[32]
426	c-GaN	吸收器	10 μm 波导	12（脉冲）	[33]
429	c-GaN	吸收器	10 μm 波导	70（脉冲）	[34]
429	m-GaN	锥形波导	锥形波导	2（脉冲）	[35]
439	m-GaN	镜面粗化处理	4 μm 脊形	5（脉冲）	[23]
443	c-GaN	弯曲波导	2 μm 脊形	100	[36]
445	c-GaN	斜弯镜面	5 μm 脊形	—	[37]
447	半极性 GaN	吸收器	7.5 μm 脊形	256	[17]
500	c-GaN	弯曲波导	2 μm 脊形	4（脉冲）	[38]
505	c-GaN	—		1（脉冲）	[39]
526	c-GaN	混合结构		1	[40]

从表 5-1 中可以看出，大部分蓝紫光 SLD 都生长在极性面（c 面）氮化镓衬底上。从近年来不同晶向衬底上 InGaN/GaN 量子阱 LED 的研究中人们逐渐认识到在半极性和非极性氮化镓衬底上生长得到的量子阱结构可以减弱内建极化场，从而可能实现更高的发光效率。

| 5.2 高性能蓝紫光 SLD 的设计与工艺 |

本节重点讨论半极性面上高性能蓝光和紫光 SLD 的结构设计、加工工艺与性能表征。首先我们探讨一种利用集成吸收器制作的 SLD，这一蓝光 SLD 具有 490 μm 长的集成吸收器和 1 000 μm 长的增益区，在 500 mA 注入电流下（电流密度为 6.67 kA/cm^2）器件具有较宽的光谱半峰宽（8.4 nm）。该 SLD 在放大自发辐射区连续工作时具有超过 200 mW 的光输出。利用该 SLD 激发 YAG 荧光粉可以制成显色指数 CRI 为 64.4、色温 CCT 为 4 094 K 的白光光源。

如图 5-1 所示，该蓝光 SLD 由长度为 700 μm 的增益区和长度为 490 μm 的吸收器组成。利用集成吸收器避免共振腔的形成，从而抑制受激辐射模式的产生。该 SLD 的外延结构利用 MOCVD 生长在半极性 GaN 衬底上。其使用了 4 组 In$_{0.2}$Ga$_{0.8}$N/GaN 量子阱，其他结构与文献[9-17]中所报道的器件外延结构相类似。该器件工作时，仅在增益区注入电流而吸收器部分不加偏置。

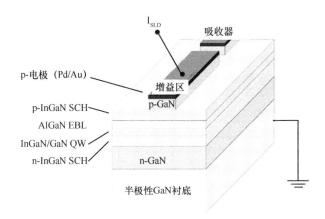

图 5-1 半极性面上蓝光 InGaN/GaN 量子阱 SLD 的结构

下面利用自行搭建的探针台系统来测试分析该 SLD 的光学和电学特性。在常温下，将 SLD 芯片放置于测试基座上。测试基座下安装 TEC 温控模块和散热模块来控制基座表面温度。这里使用两根钨探针分别接触 SLD 增益区的 p 电极和 n 电极，如图 5-2 所示。器件的电学性能由 Keithley 2520 二极管测试仪分析测得，其发光功率使用配套的半月形积分球和硅探测器测得。通过光纤采集发光光束，SLD 的光谱由 Ocean Optics HR4000 型高分辨率光谱仪测量得到。

图 5-2 常温下半极性面上蓝光 InGaN/GaN 量子阱 SLD
（器件放置于探针台基座上，在直流电流驱动下发光）

该器件测得的发光功率与注入电流的关系曲线和电压–电流关系曲线如图 5-3 所示。为了观测器件的工作情况，这里分别将光功率探测器放置于器件侧面（探测器正对 SLD 发光面）和器件顶部（探测器正对器件上表面）两种情况下进行测量。得到器件侧面发光和表面发光两条光功率曲线。作为一种侧面发光器件，当 SLD 工作在放大自发辐射模式时，这部分光在波导结构中受到放大效应，并且受波导结构局限，因此只从侧边发射。而未被波导结构耦合的自发辐射则可能从各个方向发射。因此，从表面测得的发光为器件自发辐射发光，而从侧面测得的发光为器件自发辐射和放大自发辐射发光。

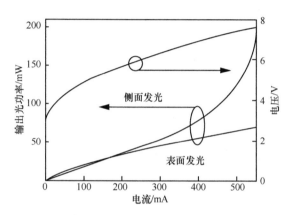

图 5-3 　在常温下半极性面上蓝光 SLD 的输出光功率与

电流的关系曲线和电压与电流的关系曲线

通过图 5-3 中的两条发光功率曲线，可以看出该 SLD 在约 250 mA 电流以下时，两条曲线基本重合。这表明驱动电流在 250 mA 以下时，该器件并没有工作在放大自发辐射模式。当电流加大到 250 mA 后，可以看到侧面发光功率随着电流的增加而快速增加，说明此时器件开始产生放大自发辐射。SLD 器件的光功率–电流曲线呈现出超线性，这与一般的激光器特性不同。在激光器中，当达到阈值电流之后，器件输出光功率将会随着电流的增加而快速线性增加，这也是半导体激光器中受激辐射与 SLD 放大自发辐射的特性之一。在 250 mA 电流下，器件的工作电压约为 6 V。器件在 400 mA、500 mA 和 550 mA 电流下输出光功率分别为 78.0 mW、122.6 mW 和 202.5 mW。实验表明，在半极性面上制备的蓝光 SLD 具有较高的输出光功率，这也部分得益于半极性面上量子阱具有的较高材料增益。

下面分析蓝光 SLD 的发光光谱特性。这里通过将一束光纤放置于 SLD 的光输出面外来采集侧面光并导入光纤光谱仪中进行测量。在不同电流下测得的光谱如图 5-4 所示，该 SLD 发光峰在 450 nm 左右。同时，可以明显观察到发光峰随着电流的增加而出现半峰宽变窄的现象。

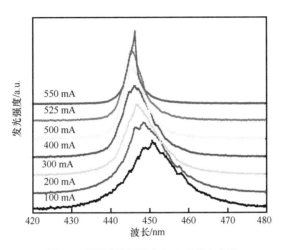

图 5-4 不同电流下蓝光 SLD 的发光光谱

在图 5-5 中总结了蓝光 SLD 发光峰半峰宽与器件注入电流的关系和发光峰波长与器件注入电流的关系。可以看出，SLD 在 100 mA、300 mA、500 mA 和 550 mA 驱动电流下光谱的半峰宽分别为 17.3 nm、11.7 nm、7.6 nm 和 4.0 nm。在 500 mA 驱动电流下，该器件在较高输出功率（超过 120 mW）时依然具有较宽的发光峰（电致发光半峰宽超过 7 nm），这一特性表明该器件适合作为微型投影和照明的发光光源。通常来说，蓝光激光器的发光峰半峰宽在 1 nm 以下，因此，该 SLD 光谱特性也表明器件工作在放大自发辐射模式，直到 550 mA 驱动电流下依然有效抑制了受激辐射模式的形成。分析该器件不同电流下的发光峰，可知随着电流的增加，发光峰峰位由 451 nm 逐渐蓝移到 446 nm。这一现象主要是由 InGaN/GaN 量子阱中能带填充效应造成的。

除了使用蓝光 LED 和激光器来实现白光照明和可见光通信，研究人员还提出了使用紫光 LED 和激光器来激发 RGB 荧光粉组合实现高显色指数白光照明以及高速光通信[41]。因此这里也探讨紫光超辐射二极管的制备与性能。

如图 5-6 所示，该器件外延结构生长在半极性（$20\overline{2}1$）面 GaN 衬底上，其量子阱结构由 4 组 $In_{0.1}Ga_{0.9}N/GaN$ 量子阱组成，外延结构中也包含 $Al_{0.18}Ga_{0.82}N$ 电子阻挡层。该紫光 SLD 长度为 590 μm，使用了 4 μm 宽的脊状波导结构，前发光面使用了 45° 倾斜腔面设计来抑制受激辐射模式的产生。使用这种结构的 SLD 不需要另加吸收器,有助于缩小器件尺寸。该器件使用 Pd/Au 作为 p 端金属接触层,使用 Ti/Al/Ni/Au 作为 n 端金属接触层。在该器件中, n 侧电极设计在器件 p 型电极侧边,这样可以使用高速 GS 探针直接进行器件的性能测试。器件的波导结构和腔面使用紫外光刻和等离子体干法刻蚀加工,脊状波导的侧壁使用自对准 SiO₂ 层来实现钝化。

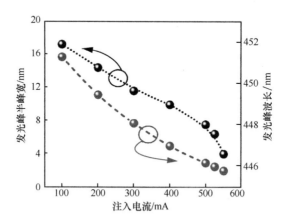

图 5-5 蓝光 SLD 发光峰半峰宽与器件注入电流的关系和发光峰波长与器件注入电流的关系

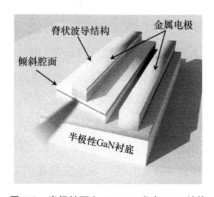

图 5-6 半极性面上 405 nm 发光 SLD 结构

该紫光 SLD 器件的输出光功率与电流的关系曲线如图 5-7 所示。类似地,这里也比较了将探测器分别放置于器件侧面发射边和器件顶部时测得的输出光功率。前者测得的为器件自发辐射和放大自发辐射的发光,而后者仅测得由器件表面发出的自发辐射发光。当驱动电流超过 100 mA 时,可以观察到明显的放大自发辐射。这里由于器件表面金属层覆盖的影响,从表面测得的光功率比从侧边发射的自发辐射光功率要小。在驱动电流为 400 mA 时,器件具有 20.5 mW 的发光功率。

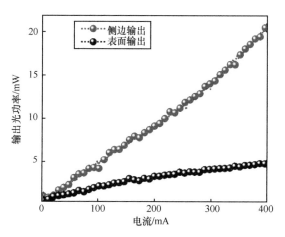

图 5-7　半极性面上紫光 SLD 输出光功率与电流的关系曲线

　　紫光 SLD 的电压–电流曲线和电容–电压曲线可以使用 Keithley 4200 半导体特性分析仪测试得到如图 5-8 所示。从器件的 *I-U* 特性曲线中可以看出，SLD 的开启电压为 3 V，串联电阻为 5.9 Ω。电容特性测试中交流小信号的频率为 1 MHz。从器件的电容–电压曲线中可以看出在 -4 V 电压下器件的电容为 35 pF。

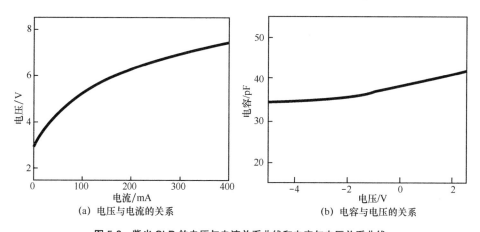

图 5-8　紫光 SLD 的电压与电流关系曲线和电容与电压关系曲线

　　接下来分析该紫光 SLD 的发光光谱特性，图 5-9 是 SLD 在不同驱动电流下的发光光谱。可以看出器件的发光峰位置位于约 405 nm 处，当驱动电流超过 100 mA 时，器件发光峰的半峰宽收窄。在 50 mA 和 100 mA 的电流驱动下，该 SLD 发光峰半峰宽约为 16 nm，这与常见的紫光 LED 自发辐射发光峰的半峰宽类似。当驱动电流由

150 mA 逐渐增加到 400 mA 时，发光峰的半峰宽由 14 nm 逐渐降为 9 nm，这一特性也证明了该器件此时工作于放大自发辐射模式，与光功率–电流测试结果相吻合。

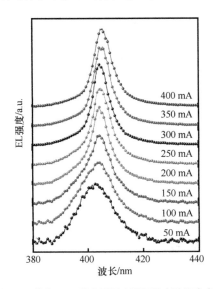

图 5-9　紫光 SLD 的在不同电流下的电致发光光谱

　　为了进一步比较 SLD 器件的光谱特性，图 5-10 比较了具有相似发光峰的 LED、SLD 和激光器的发光特性。这 3 个器件具有相似的 InGaN/GaN 量子阱结构，在 400 mA 的电流驱动下分别产生自发辐射、放大自发辐射和受激辐射发光。为了便于清晰比较光谱的谱峰宽度，这里对 3 个光谱进行了强度归一化。可以看出，LED、SLD 和 LD 发光峰的半峰宽分别为 16.3 nm、9.0 nm 和 2.0 nm。SLD 的光谱明显比 LED 光谱半峰宽更窄，而比 LD 光谱半峰宽更宽，是介于 LED 与激光器发光特性之间的一种新型半导体发光器件。

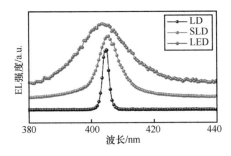

图 5-10　紫光 LED、SLD 和激光器电致发光光谱的比较

| 5.3　基于蓝光 SLD 的白光光源 |

本节介绍利用蓝光 SLD 实现白光照明，并比较了其与基于蓝光 LED 和 LD 的白光光源的工作特性。

常见的白光 LED 是由蓝光 LED 激发黄光荧光粉来实现的。这里采用类似结构如图 5-11 所示，由蓝光 SLD 激发 YAG:Ce^{3+}荧光粉来混合产生白光。白光的光谱和发光特性使用 GL Spectis 5.0 Touch 发光分析仪测试得到。同样，替换蓝光 SLD 为 LED 和 LD 可以分别得到 LED 和激光激发的白光光源。

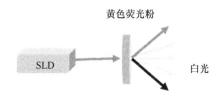

图 5-11　基于蓝光 SLD 和黄光荧光粉的白光光源结构

图 5-12 比较了利用蓝光 LED、SLD 和 LD 产生白光的发光光谱[42]。可以看出 3 种器件均能够有效激发黄光荧光粉产生白光。利用蓝光 SLD 激发荧光粉产生白光的实验照片如图 5-13 所示[42]。要说明的是这里黄光荧光粉是混合在 LED 专用封装硅胶中并固化成型的。

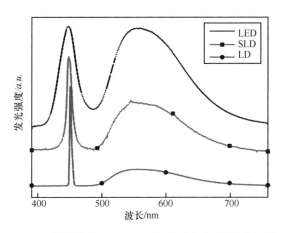

图 5-12　基于蓝光 LED、SLD 和 LD 的白光光源发光光谱

图 5-13　基于蓝光 SLD 与黄光荧光粉的白光发光实验照片

　　显色指数和相关色温是考察白光特性的两项重要参数指标。显色指数是对白光光源的显色性进行定量评价的标准，定义太阳光的显色指数为最高 100，平均色差越大，其显色指数越低。低于 20 的光源通常不适于一般照明用途。而色温表示光线中包含颜色成分，如果待测光源发射出的光色与某一温度下的黑体辐射的光色一致时，便把此时黑体的温度认定为光源的色温。一般来说，适用于照明的白光色温为 2 700～6 500 K。而为了更精确地度量和比较光源的颜色以及人眼对光源照明颜色的感知采用国际照明委员会的 CIE 1931 色彩空间，其是一个普遍利用数学方式来定义的色彩空间。在该空间中的横纵坐标是研究白光光源发光特性的一条重要参考。在表 5-2 中比较了利用蓝光 LED、SLD 和 LD 产生白光的显色指数、色温和 CIE 1931 坐标。从表中可以看出 SLD 白光的显色指数略低于 LED 白光但优于 LD 白光。其色温也介于 LED 白光与 LD 白光之间，表明基于 SLD 的白光光源适合用作照明。

表 5-2　基于 LED、SLD 和 LD 的白光显色指数、色温与 CIE 坐标的比较

对比项	显色指数	色温/K	CIE 1931 坐标
LED 白光	69.3	4 620	(0.359 4, 0.377 5)
SLD 白光	68.9	4 340	(0.371 1, 0.389 5)
LD 白光	64.7	4 243	(0.377 9, 0.403 8)

　　图 5-14 是 CIE 1931 色彩空间中 LED、SLD 和 LD 白光光源[42]，可以看出基于蓝光 SLD 的白光光源可以发展为继白光 LED 和白激光光源之外的另一种照明光源。如果结合绿光和红光荧光粉，则 SLD 白光的显色指数有望进一步得到提高[43]。

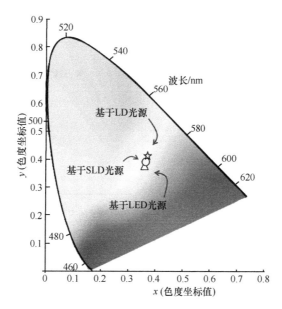

图 5-14　CIE 1931 色彩空间中基于 LED、SLD 和 LD 白光光源

5.4　可见光 SLD 的高频调制及其在可见光通信中的应用

　　作为一种新型发光光源，可见光 SLD 具有较为优异的高频调制特性，这也使得其成为可见光通信系统中的光源。这里首先分析蓝光 SLD 的频率响应，利用图 5-15 所示的实验装置来分析测试光源的频率响应。这里使用 Agilent E8361C PNA 网络分析仪来产生幅度为-10 dBm 的信号，使用 Keithley 2400 电流源作为直流驱动，高频调制信号与直流通过偏置器 Picosecond Pulse Labs 5543 接入待测的 SLD。该 SLD 发光经过聚光镜之后使用硅基雪崩光电二极管（Avalanche Photodiode，APD）来接收光信号，APD 将其转换为电信号并接回网络分析仪。通过比较不同频率下的发射端和接收端信号强度可以测得频率响应谱。

　　蓝光 SLD 的小信号频率响应测试结果如图 5-16 所示。在驱动电流分别为 400 mA、500 mA 和 600 mA 时，器件具有 430 MHz、490 MHz 和 560 MHz 的-3 dB 带宽。这一带宽显著高于传统 LED 的调制带宽[44]，这也说明在放大自发辐射模式下器件工作频率相比 LED 具有显著优势。蓝光 SLD 具有超过 500 MHz 的带宽，表明该器件作为高速光源将可以实现 Gbit/s 量级以上的高速光通信。

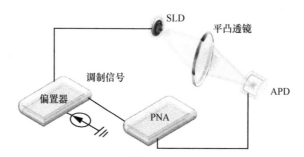

图 5-15　SLD 小信号频率响应测试的实验装置

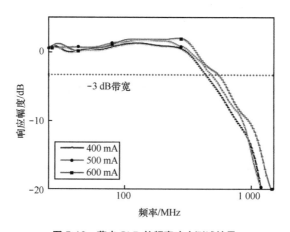

图 5-16　蓝光 SLD 的频率响应测试结果

对紫光 SLD 频率响应的测试结果如图 5-17 所示。随着驱动电流的增加，器件的频率响应特性也随之变化。在驱动电流为 100 mA、200 mA、300 mA 和 400 mA 时，紫光 SLD 的–3 dB 带宽为 333 MHz、616 MHz、784 MHz 和 807 MHz 如图 5-18 所示。

在紫光 SLD 结构中特别增加了紧靠器件的 n 型表面接触电极，使用 GS 探针进行高频特性测试，有助于降低器件的 RC 延迟效应。当该紫光 SLD 的驱动电流超过 300 mA 后，器件带宽基本保持在 800 MHz 左右，说明此时器件带宽限制主要源自 RC 延迟的影响。而器件工作在 300 mA 以下电流的环境时器件的带宽限制主要源自本身载流子寿命（τ_e）的影响。该实验结果进一步说明 SLD 中载流子在放大自发辐射模式下具有较短的寿命，因而具有远高于 LED 的调制带宽。

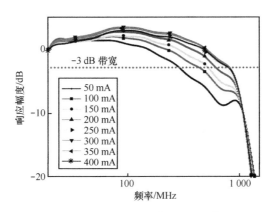

图 5-17　紫光 SLD 的频率响应测试结果

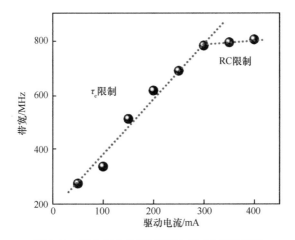

图 5-18　紫光 SLD 的调制带宽与驱动电流的关系

式（5-1）描述了 SLD 在小信号调制下的速率变化方程[45]。

$$\frac{\mathrm{d}n}{\mathrm{d}t} = \frac{J}{qd} - \frac{n}{\tau_{\mathrm{n}}} - R_{\mathrm{ase}}\qquad (5\text{-}1)$$

其中，n 是载流子密度，J 是电流密度，τ_{n} 是自发辐射过程的载流子寿命，q 是元电荷，d 是有源层厚度。速率方程右端第一部分表明电流注入下载流子产生过程；第二部分代表自发辐射过程中辐射复合消耗的载流子，这也类似于 LED 中的情形；最后一部分表明 SLD 中载流子由放大自发辐射过程的消耗。因此，SLD 相比于 LED 具有较小的有效载流子寿命 τ_{e}。

频率响应中 3 dB 带宽与载流子寿命的关系可以表示为

$$f_{3\,dB} = \frac{\sqrt{3}}{2\pi\tau_e} \tag{5-2}$$

因此，在 300 mA 驱动电流下，SLD 的有效载流子寿命约为 0.35 ns。这一参数也远小于 LED 以及 micro-LED 中的少子寿命（0.6～6 ns）[46-47]。

为了进一步证实 SLD 这类器件可以作为可见光通信系统中的光发射器，这里考察了使用 SLD 作为光源的通信链路的数据通信特性。在该实验中，使用 Agilent J-BERT N4903B 数据发生器产生 $2^{10}-1$ 伪随机码数据流，利用通断键控调制模式进行可见光通信数据传输实验。经过 SLD 产生调制光信号，通过 APD 接收后连入误码率分析仪测试通信的误码率（Bit-Error Rate，BER）。而将 APD 接收的信号连入 Agilent 86100C 光通信分析仪则可获得该通信系统数据传输的眼图如图 5-19 所示。

 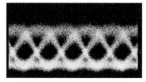

(a) 622 Mbit/s 速率下的眼图　　　(b) 1 Gbit/s 速率下的眼图

图 5-19　通断键控 622 Mbit/s 和 1 Gbit/s 速率下的眼图

在数据传输率为 622 Mbit/s 和 1 Gbit/s 时，基于 SLD 光源的可见光通信系统的误码率为 4×10^{-4} 和 8.4×10^{-4}。这也完全满足前向纠错的阈值（3.8×10^{-3}）。在测得的眼图中可以看到清晰的高低电平信号，说明 SLD 在 OOK 调制下能满足高速光通信的光源需求。在 1.3 Gbit/s 数据传输率下，系统通信的误码率为 2.1×10^{-3}，也满足前向纠错的要求。因此，蓝紫光 SLD 高速调制特性对于高速白光通信来说具有明显优势。

|5.5　本章小结 |

作为一种新型发光光源，可见光 SLD 具有较优异的高频调制特性，这也使得其成为满足高速可见光通信系统需要的光发射元件。近年来的研究表明，可见光短波长 SLD 作为发光光源的可见光通信系统可以实现 Gbit/s 量级以上的数据传输速率，最新的研究表明在基于蓝光 SLD 的可见光通信系统，使用 OFDM 技术实现了高达 3.4 Gbit/s 的数据传输速率[48]。该结果表明，随着器件性能和可靠性的不断提升，蓝紫光 SLD 高速调制特性对于高速白光通信来说具有明显优势。此外，基于 GaN 量子阱结构的蓝紫光 SLD 将可以提供高输出功率与理想的光束定向等优秀特性，也是直接视网膜投影、微投影、生物医学成像等新兴市场正在寻求的光源。

参考文献

[1] NAKAMURA S, SENOH M, IWASA N, et al. High-power InGaN single-quantum-well-structure blue and violet light-emitting diodes[J]. Applied Physics Letters, 1995, 67(13): 1868-1870.

[2] FEEZELL D F, SPECK J S, DENBAARS S P, et al. Semipolar ($20\overline{2}1$) InGaN/GaN light-emitting diodes for high-efficiency solid-state lighting[J]. Journal of Display Technology, 2013, 9(4): 190-198.

[3] ZHAO Y J, OH S H, WU F, et al. Green Semipolar ($20\overline{2}1$) InGaN light-emitting diodes with small wavelength shift and narrow spectral linewidth[J]. Applied Physics Express, 2013, 6(6).

[4] SHEN C, NG T K, OOI B S. Enabling area-selective potential-energy engineering in In-GaN/GaN quantum wells by post-growth intermixing[J]. Optics Express, 2015, 23(6): 7991-7998.

[5] MISHRA P, JANJUA B, NG T K, et al. Achieving uniform carrier distribution in MBE-Grown compositionally graded InGaN multiple-quantum-well LEDs[J]. IEEE Photonics Journal, 2015, 7(3).

[6] KANG C H, SHEN C M, SAHEED M S, et al. Carbon nanotube-graphene composite film as transparent conductive electrode for GaN-based light-emitting diodes[J]. Applied Physics Letters, 2016, 109(9): 081902.

[7] NAKAMURA S. GaN-based blue/green semiconductor laser[J]. IEEE Journal of Selected Topics in Quantum Electronics, 1997, 3(2): 435-442.

[8] NAKAMURA S, SENOH M, NAGAHAMA S, et al. InGaN-based multi-quantum-well-structure laser diodes[J]. Japanese Journal of Applied Physics Part 2-Letters & Express Letters, 1996, 35(1b): L74-L76.

[9] SHEN C, NG T K, LEONARD J T, et al. High-modulation-efficiency, integrated waveguide modulator-laser diode at 448 nm[J]. ACS Photonics, 2016, 3(2): 262-268.

[10] STRAUSS U, HAGER T, BRUDERL G, et al. Recent advances in c-plane GaN visible lasers[J]. Proceedings of SPIE, 2014, 8986: 89861L.

[11] CRAWFORD M H. LEDs for solid-state lighting: Performance challenges and recent ad-

vances[J]. IEEE Journal of Selected Topics in Quantum Electronics, 2009, 15(4): 1028-1040.

[12] PIMPUTKAR S, SPECK J S, DENBAARS S P, et al. Prospects for LED lighting[J]. Nature Photonics, 2009, 3(4): 180-182.

[13] TSONEV D, VIDEV S, HAAS H. Towards a 100 Gbit/s visible light wireless access network[J]. Optics Express, 2015, 23(2): 1627-1637.

[14] WANG Y Q, YANG C, WANG Y G, et al. Gigabit polarization division multiplexing in visible light communication[J]. Optics Letters, 2014, 39(7): 1823-1826.

[15] LEE C, SHEN C, OUBEI H M, et al. 2 Gbit/s data transmission from an unfiltered laser-based phosphor-converted white lighting communication system[J]. Optics Express, 2015, 23(23): 29779-29787.

[16] SHEN C, GUO Y, OUBEI H M, et al. 20-meter underwater wireless optical communication link with 1.5 Gbit/s data rate[J]. Optics Express, 2016, 24(22): 25502-25509.

[17] SHEN C, NG T K, LEONARD J T, et al. High-brightness semipolar (20$\overline{2}$1) blue InGaN/GaN superluminescent diodes for droop-free solid-state lighting and visible-light communications[J]. Optics Letters, 2016, 41(11): 2608-2611.

[18] ROSSETTI M, NADIERALA J, MATUSCHEK N, et al. Superluminescent light emitting diodes - the best out of two worlds[J]. Proceeding of SPIE, 2012: 8252.

[19] KHAN M Z M, NG T K, OOI B S. High-Performance 1.55-μm superluminescent diode based on broad gain InAs/InGaAlAs/InP quantum dash active region[J]. IEEE Photonics Journal, 2014, 6(4): 1600108.

[20] KHAN M Z M, ALHASHIM H H, NG T K, et al. High-power and high-efficiency 1.3-μm m superluminescent diode with flat-top and ultrawide emission bandwidth[J]. IEEE Photonics Journal, 2015, 7(1): 1600308.

[21] CASTIGLIA A, ROSSETTI M, MALINVERNI M, et al. Recent progress on GaN-based superluminescent light-emitting diodes in the visible range[J]. Proceeding of SPIE, 2018: 10532.

[22] ALATAWI A A, HOLGUIN-LERMA J A, KANG C H, et al. High-power blue superluminescent diode for high CRI lighting and high-speed visible light communication[J]. Optics Express, 2018, 26(20): 26355-26364.

[23] HARDY M T. KELCHNER K M, LIN Y D, et al. m-Plane GaN-based blue superluminescent diodes fabricated using selective chemical wet etching[J]. Applied Physics Express, 2009, 2(12): 121004.

[24] KAFAR A, STANCZYK S, TA R G, et al. High optical power ultraviolet superluminescent InGaN diodes[J]. Proceeding of SPIE, 2013: 8625.

[25] SHEN C, LEE C, NG T K, et al. High-speed 405-nm superluminescent diode (SLD) with 807-MHz modulation bandwidth[J]. Optics Express, 2016, 24(18): 20281-20286.

[26] HOLC K, MARONA L, CZERNECKI R, et al. Temperature dependence of superluminescence in InGaN-based superluminescent light emitting diode structures[J]. Journal of Applied Physics, 2010, 108(1): 013110.

[27] KAFAR A, STANCZYK S, GRZANKA S, et al. Cavity suppression in nitride based superluminescent diodes[J]. Journal of Applied Physics, 2012, 111(8): 083106.

[28] CASTIGLIA A, ROSSETT I M, MATUSCHEK N, et al. GaN-based superluminescent diodes with long lifetime[J]. Proceeding of SPIE, 2016: 9748.

[29] KAFAR A, STANCZYK S, TARGOWSKI G, et al. High-Optical-Power InGaN superluminescent diodes with "j-shape" Waveguide[J]. Applied Physics Express, 2013, 6(9): 092102.

[30] ROSSETTI M, DORSAZ J, REZZONICO R, et al. High power blue-violet superluminescent light emitting diodes with ingan quantum wells[J]. Applied Physics Express, 2010, 3(6): 061002.

[31] FELTIN E, CASTIGLIA A, COSENDE Y G, et al. Broadband blue superluminescent light-emitting diodes based on GaN[J]. Applied Physics Letters, 2009, 95(8): 081107.

[32] KAFAR A, STANCZYK S, WISNIEWSK P, et al. Design and optimization of InGaN superluminescent diodes[J]. Physica Status Solidi a-Applications and Materials Science, 2015, 212(5): 997-1004.

[33] GOLDBERG G R, IVANOV P, OZAKI N, et al. Gallium nitride light sources for optical coherence Tomography[J]. Proceeding of SPIE, 2017: 8624.

[34] GOLDBERG G R, BOLDIN A, ANDERSSON S M L, et al. Gallium nitride superluminescent light emitting diodes for optical coherence tomography applications[J]. IEEE Journal of Selected Topics in Quantum Electronics, 2017, 23(6).

[35] RISHINARAMANGALAM A K, RASHIDI A, MASABIH S M, et al. Nonpolar GaN-based superluminescent diode with 2.5 GHz modulation bandwidth[C]// 2018 IEEE International Semiconductor Laser Conference (ISLC), September 16-19, 2018, Kobe, Japan. Piscataway: IEEE Press, 2018.

[36] KOPP F, EICHLER C, LELL A, et al. Blue Superluminescent light-emitting diodes with output power above 100 mW for picoprojection[J]. Japanese Journal of Applied Physics, 2013, 52(8): 08JH07.

[37] ZENG C, ZHANG S M, LIU J P, et al. Characteristics of InGaN-based superluminescent diodes with one-sided oblique cavity facet[J]. Chinese Science Bulletin, 2014, 59(16): 1903-1906.

[38] KOPP F, LERMER T, EICHLER C, et al. Cyan superluminescent light-emitting diode based on InGaN quantum Wells[J]. Applied Physics Express, 2012, 5(8).

[39] MATUSCHEK N, CASTIGLIA A, MALINVERNI M, et al. Latest improvements on RGB Superluminescent LEDs[C]//NUSOD, November 5-9, 2018, Hong Kong, China. Piscataway: IEEE Press, 2018.

[40] WANG L, WANG L, YU J, et al. Abnormal stranski–krastanov mode growth of green InGaN quantum Dots: Morphology, optical properties, and applications in light-emitting devices[J]. ACS Applied Materials & Interfaces, 2019, 11(1): 1228-1238.

[41] LEE C, SHEN C, COZZAN C, et al. Gigabit-per-second white light-based visible light com-

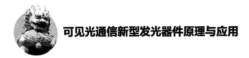
munication using near-ultraviolet laser diode and red, green, and blue-emitting phosphors[J]. Optics Express, 2017, 25(15): 17480-17487.

[42] SHEN C, NG T K, LEE C, et al. Semipolar InGaN-based superluminescent diodes for solid-state lighting and visible light communications[J]. Proceeding of SPIE, 2017: 101041U-101041U-10.

[43] SHEN C. Visible lasers and emerging color converters for lighting and visible light Communications[C]//Light, Energy and the Environment, November 6-9, 2017, Boulder, Colorado. Piscataway: IEEE Press, 2017.

[44] LIAO C L, CHANG Y F, HO C L, et al. High-speed GaN-based blue light-emitting diodes with gallium-doped ZnO current spreading layer[J]. IEEE Electron Device Letters, 2013, 34(5): 611-613.

[45] MILANI N M, MOHADESI V, ASGARI A. A novel theoretical model for broadband blue InGaN/GaN superluminescent light emitting diodes[J]. Journal of Applied Physics, 2015, 117(5): 054502.

[46] LIAO C L, HO C L, CHANG Y F, et al. High-speed light-emitting diodes emitting at 500 nm with 463-MHz modulation bandwidth[J]. IEEE Electron Device Letters, 2014, 35(5): 563-565.

[47] GREEN R P, MCKENDRY J J D, MASSOUBRE D, et al. Modulation bandwidth studies of recombination processes in blue and green InGaN quantum well micro-light-emitting diodes[J]. Applied Physics Letters, 2013, 102(9): 091103.

[48] SHEN C, HOLGUIN-LERMA J A, ALATAWI A A, et al. Group-III-nitride superluminescent diodes for solid-state lighting and high-speed visible light communications[J]. IEEE Journal of Selected Topics in Quantum Electronics, 2019, 25(6): 1-10.

第6章

非极性和半极性面氮化镓激光器

氮化镓基激光器是目前主流的短波长半导体激光器，在光盘存储、激光投影、激光印刷、光学检测等领域中被广泛使用。近年来随着高亮度照明和高速可见光通信的发展，氮化镓蓝绿激光器也在这一新兴领域崭露头角。本章介绍氮化镓基激光器的最新进展，特别是非极性和半极性面上氮化镓激光器的生长制备、光电特性和优势。本章将专门讨论半极性面氮化镓激光器的高频调制性能的测试与分析，并总结近年来基于氮化镓激光器的可见光通信系统的研究工作。

| 6.1 氮化镓激光器的发展 |

在传统[0001]（c 面）极化方向上生长 InGaN 发光器件，生长在 GaN 上的 InGaN 多量子阱处于受压缩的弹性形变状态，导致在生长方向上形成强度高达 MV/cm 量级的压电极化电场。该极化电场会使电子和空穴波函数在空间上分离开来，从而降低辐射复合速率，这就是量子限制斯塔克效应[1]。如图 6-1（a）所示，在传统的 $In_{0.15}Ga_{0.85}N$ 蓝光量子阱中，极化电场强度高达 1.74 MV/cm。此外，极化电场引起的量子阱倾斜会造成载流子难以被有效地束缚在量子阱内而溢出到 p 型层中，造成载流子泄漏。这种现象会导致发光效率大幅下降，尤其是在大电流注入的情况下。随着 In 组分增加这些问题也愈发突出[2]，因此绿光激光器的发光效率和输出光功率相对于蓝紫光和传统的红光器件仍然偏低[3-4]。

解决这一问题的根本办法是在半极性和非极性 GaN 衬底上生长器件[5]。如图 6-1（b）所示，在非极性方向 m 面上生长 InGaN 量子阱，在生长界面上不会引发极化电荷，从而消除了 InGaN 量子阱内沿着生长方向上的极化电场，从根本上避开了极化电场所带来的各种问题。目前普遍采用的半极性面包括（$20\overline{2}1$）和（$20\overline{2}\overline{1}$），非极性面主要采用 m 面（$10\overline{1}0$），其晶面和极化电场如图 6-1（c）所示。

在 2007 年，美国加州大学圣巴巴拉分校固态照明中心中村修二教授带领的团队首次在 m 面 GaN 衬底上实现了非极性 GaN 基紫光激光器[6]。在 2010 年，报道了绿光激光器（520 nm 发光）的连续输出光功率达 60 mW，电光转换效率为 1.9%。自此半极性和非极性 GaN 基激光器独特的光电特性得到了广泛的关注。

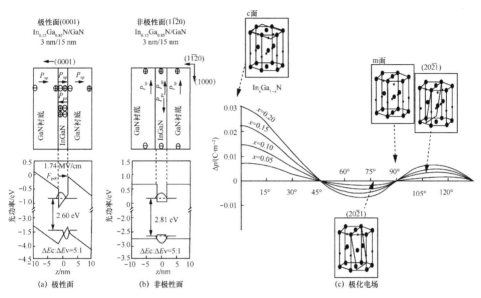

图 6-1 传统极性面（0001）和非极性 m 面 In$_{0.15}$Ga$_{0.85}$N 量子阱中的
电荷分布和极化电场以及不同晶面和不同 In 组分的极化电场

6.2 非极性和半极性氮化镓激光器的生长与工艺

6.2.1 非极性 m 面 GaN 基激光器

非极性 m 面 GaN 基紫光激光器的外延结构如图 6-2 所示[6]。在 m 面 GaN 衬底上，利用常压 MOCVD 生长 8 μm 的 n 型 GaN、250 对 n 型 Al$_{0.12}$Ga$_{0.88}$N/GaN（2 nm/2 nm）超晶格限制层、75 nm 的 n 型 GaN 波导层、5 对 In$_{0.10}$Ga$_{0.90}$N/GaN（8 nm/8 nm）多量子阱有源区、15 nm 的 p 型 Al$_{0.12}$Ga$_{0.88}$N 电子阻挡层、75 nm 的 p 型 GaN 波导层、125 对 p 型 Al$_{0.12}$Ga$_{0.88}$N/GaN（2 nm/2 nm）超晶格限制层、150 nm 的 p 型 GaN 和 20 nm 的 p$^+$-GaN 欧姆接触层。采用一维的光学模式方程计算得到的一维横向模式[6]如图 6-3 所示，可以看出光集中在有源区内。其中 Al$_{0.12}$Ga$_{0.88}$N、Al$_{0.12}$Ga$_{0.88}$N/GaN

超晶格、GaN 和 $In_{0.10}Ga_{0.90}N$ 层的折射率分别采用 2.491、2.514、2.537 和 2.718。

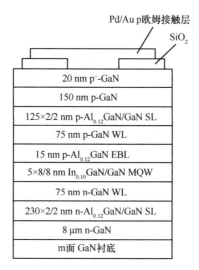

图 6-2 非极性 m 面激光器外延结构

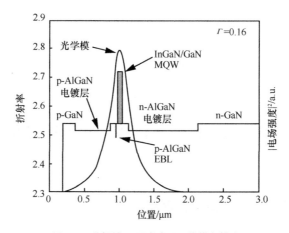

图 6-3 非极性 m 面激光器一维横向模式

采用常见的激光器芯片工艺，包括利用反应离子刻蚀（RIE）刻蚀脊柱、蒸镀绝缘层 SiO_2、蒸镀 Pd/Au 作为 p 型欧姆接触、蒸镀 Ti/Al/Au 作为 n 型金属接触层和利用 RIE 刻蚀腔面（平行于 c 面）。在脉冲电流测试下，实现了脊柱宽为 15 μm 和腔长度为 1 000 μm 激光器激射，阈值电流密度为 7.3 kA/cm²。其输出光功率–电流曲线如图 6-4 所示。

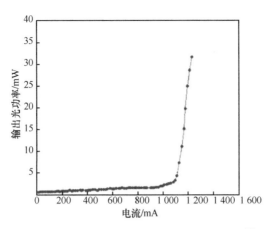

图 6-4　非极性 m 面激光器输出光功率–电流曲线 [6]

在非极性面生长激光器的一个很大优势在于可以生长较宽的 InGaN 量子阱并且不需使用 AlGaN 限制层就可以实现激射。一般来说，c 面 GaN 基激光器的量子阱很窄，本身无法有效限制发出的光，所以传统的 c 面激光器需要 AlGaN 限制层把发出来的光限制在有源区中。而 AlGaN 层导电性差，特别是和 InGaN 发光层存在更大的晶格失配，会使 InGaN 量子阱材料质量变差，增加阈值电流密度和降低发光亮度。而在非极性面上，可以生长较宽的 InGaN 量子阱，其晶体质量很好，不需使用 AlGaN 限制层，从而可以有效降低阈值电流和提高发光亮度。利用这一特性，FARRELL 实现了低阈值电流密度 AlGaN 非极性 m 面高亮度 GaN 基紫光激光器[7]。非极性 m 面 GaN 基激光器面临的一个难题是 In 的并入效率低，很难向长波长激光器发展。所以目前非极性 GaN 基激光器集中在 405 nm 紫外波段。

6.2.2　半极性面 $(20\bar{2}\bar{1})$ 和 $(20\bar{2}1)$ GaN 基激光器

在半极性面 $(20\bar{2}\bar{1})$ 和 $(20\bar{2}1)$ 上可以实现 GaN 基蓝绿激光器。BECERRA 在半极性面 $(20\bar{2}\bar{1})$ 上实现了大功率蓝光激光器，单腔面输出功率超过 1 W。其外延结构如图 6-5（a）所示，并没有采用 AlGaN 作为限制层。利用 FIMMWAVE 2D 模式计算得到的光场分布如图 6-5（b）所示，可以看出，光被很好地限制在有源区中[8]。

相比于半极性面 $(20\bar{2}1)$ 和非极性 m 面，In 的并入效率在半极性面 $(20\bar{2}1)$ 比较高，有利于实现绿光激光器。HARDY 利用 ITO 作为限制层，在半极性面 $(20\bar{2}1)$ GaN

自支撑衬底实现了绿光激光器。半极性面(20$\overline{2}$1)绿光激光器输出光功率-电流密度曲线及激光发光图片如图6-6所示[9]。

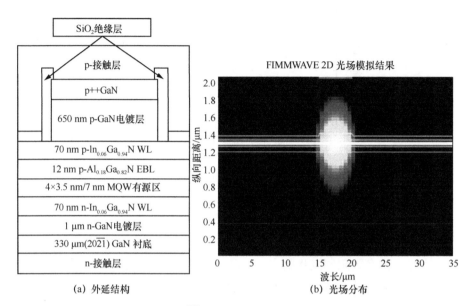

(a) 外延结构 (b) 光场分布

图 6-5 半极性面(20$\overline{2}$1)GaN 基蓝光激光器外延结构和光场分布

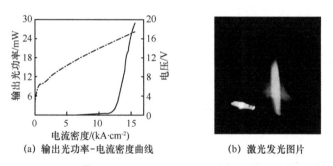

(a) 输出光功率-电流密度曲线 (b) 激光发光图片

图 6-6 半极性面(20$\overline{2}$1)绿光激光器输出光功率-电流密度曲线及激光发光图片

半极性面(20$\overline{2}$1)和(20$\overline{2}$$\overline{1}$)GaN 基激光器存在的一个难题是采用 RIE 刻蚀 GaN 腔面会形成一个 15° 的倾斜,增加光在腔体中的损耗。目前报道的有两种解决办法,一是采用抛光形成腔面,POURHASHEMI 等[10]采用抛光腔面获得了输出功率大于 2 W 的半极性(20$\overline{2}$1)GaN 基蓝光激光器。但是这种方法的弊端是工艺控制难、稳定性不好;另一种办法是采用化学辅助离子束刻(Chemically Assisted Ion Beam Etching,CAIBE)刻蚀 GaN 腔面。KURITZKY 等[11]采用该技术,通过倾斜 15° 进行腔面刻

蚀，得到了非常光滑的 GaN 垂直腔面如图 6-7 所示。此外，半极性 GaN 基激光器的另一个重要研究方向是采用氧化物作为限制层，例如 ITO 或者 ZnO，降低 p 型 GaN 层厚度，从而提高发光亮度[12]。

$$c面$$

图 6-7 采用 CAIBE 刻蚀半极性(20$\overline{2}$1)GaN 腔面

6.3 氮化镓激光二极管的测试与表征

在本节中，主要介绍基于半极性 GaN 衬底上的 InGaN 基蓝光和紫光激光二极管的电学和光学特性。

6.3.1 半极性 InGaN/GaN 量子阱结构的蓝光激光二极管

蓝光激光二极管结构采用了 MOCVD 外延技术，其有源区包含 4 个周期的 $In_{0.2}Ga_{0.8}N$/GaN 多量子阱。在工艺制备过程中，同一芯片上制作了一系列具有不同脊宽(分别为 2.0 μm、3.0 μm、4.0 μm 和 7.5 μm)和不同腔长(分别为 600 μm、900 μm、1 200 μm、1 500 μm 和 1 800 μm)的激光器。通过分析不同腔长的激光器性能，可以推导出激光器本身的光透明条件[13]。

图 6-8 是制成的拥有 2 μm 脊宽的激光二极管的 SEM 侧面，图中可以观察到清晰的刻蚀面、激光器谐振腔和 p 型金属电极。

图 6-8   半极性 GaN 衬底上制成的激光二极管的 SEM 侧面

通过使用 Keithley 2520 激光二极管测试系统并以标准的硅基光电探测器（PD）为基准对该 2 μm 脊宽的激光二极管进行了室温下的电学和光学表征。图 6-9 显示了在不同谐振腔腔长下，该激光二极管的输出光功率与注入电流（P-I）的变化曲线。在低电流注入下，激光器的自发辐射起主导作用，而随着注入电流的增加，自发辐射逐渐增加，直至进入受激辐射状态。对于腔长为 600 μm 的激光器，当注入电流大于 100 mA 时，输出光功率快速增加，所以 100 mA 通常被称为该激光器的阈值电流。随着谐振腔的长度的增加，激光器则需要更高的阈值电流。阈值电流是表征激光二极管性能的一个重要参数，通常情况下，阈值电流越小越好，所以需要对激光器的结构和设计进行优化。

除阈值电流外，器件的电光转换效率是表征激光器性能的另一个重要参数。在理想状态下，注入电流较小且能够实现较大的输出光功率，表明该激光器具有良好的电光转化效率。通过测量激光器受激发射后得到的输出光功率电流曲线的斜率，即当注入电流大于激光器的阈值电流时，就可以得到该激光器的电光转化效率。该效率通常表示为 $\Delta P/\Delta I$，单位为 W/A。激光器的外量子效率定义为受激发射的光子数同注入电子数的比值，它也可以从斜率效率中计算出来。通常，最理想的情况是注入的电子以 100%的效率转换成激光器发出的光子，而不是通过产生热而被消耗掉。然而，现实中，激光器在工作过程中与许多损耗机制相关联，包括晶体缺陷和表面态，从而导致外量子效率小于 100%。图 6-10 显示了激光器谐振腔的长度和外微分量子效率倒数的关系。从该曲线中可导出激光器的许多重要参数，包括内量子效率（ η_i ）和内部损耗（ α_i ）。前者是用来衡量注入的电子–空穴对变成有源区内的光子数的转换效率，后者是表征光子在激光谐振腔内传播过程中损耗的重要参数，两者的关系可表达为

$$\frac{1}{\eta_d} = \frac{1}{\eta_i}\left[1 + \frac{\alpha_i}{\ln(1/R)}L\right] \tag{6-1}$$

其中，R 表示激光器刻蚀面的反射率，L 表示谐振腔的长度。

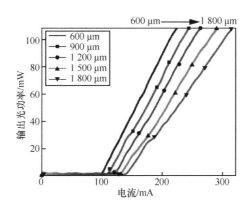

图 6-9　不同谐振腔腔长下的拥有 2 μm 脊宽的激光二极管的输出光功率与注入电流的变化曲线

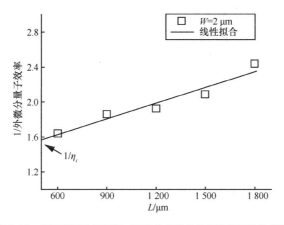

图 6-10　不同谐振腔长度和对应器件外微分量子效率倒数的关系

基于图 6-10 所示的线性拟合曲线，就可以推导得到该激光器的内量子效率为 79.74%，内部损耗为 $10.327\ \mathrm{cm}^{-1}$。

透明电流密度（通常由符号 J_0 表示）是衡量激光器性能的另一个重要参数。由于阈值电流取决于激光器谐振腔的设计，因此不能把不同晶片上的激光器进行直接比较，因为晶片的质量可能会很不一样。而透明电流密度与激光器的几何形状和材料本身的参数无关，所以它被认为是比较不同激光器性能的一个标准指标。图 6-11 显示了阈值电流密度和谐振腔长度倒数之间的关系，从中就可以计算得到该激光器的透明电流密度为 $1.72\ \mathrm{kA/cm^2}$。

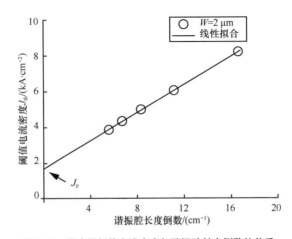

图 6-11　激光器阈值电流密度与谐振腔长度倒数的关系

6.3.2　波长 410 nm 的近紫外半极性 InGaN / GaN 量子阱结构的激光二极管

近紫外激光器结构与上述蓝光激光器的外延结构类似，只是在有源区量子阱中降低了铟组分的含量，即变成了 $In_{0.1}Ga_{0.9}N/GaN$ 多量子阱结构。同样利用 MOCVD 在半极性面（$20\bar{2}1$）GaN 衬底上外延近紫外激光器结构，并在同一个芯片上制备了不同几何形状的激光器，该激光器未采用腔面镀膜。

图 6-12 显示了电流注入下紫光激光二极管的激射。该器件是在裸芯片下做测试，尚未经过 To-can 封装和芯片切割。

图 6-12　电流注入下紫光激光二极管

图6-13是3 μm脊宽的近紫外激光二极管的输出光功率与注入电流的关系曲线。从图中看出，腔长为1 500 μm和1 800 μm的激光器的曲线较为平滑，而对于拥有900 μm和1 200 μm腔长的激光器，随着注入电流的增大，输出光功率反而出现下降趋势，这可能归因于器件制备过程中引入了缺陷或者该器件热转换效率较低导致散热不及时，引起输出光功率的下降。因此，接下来的研究重点为腔长是1 500 μm和1 800 μm的激光器。从图 6-13 可以看出，拥有 1 500 μm 谐振腔长的激光器的阈值电流为 274 mA 并且斜率效率达 0.33 W/A。而拥有 1 800 μm 谐振腔长的激光器的阈值电流为 294 mA 且斜率效率为 0.31 W/A。这说明了在阈值电流和电光转化效率这两个参数方面，谐振腔长度对激光器具有一定的影响。

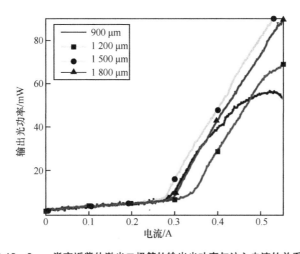

图 6-13　3 μm 脊宽近紫外激光二极管的输出光功率与注入电流的关系曲线

图 6-14 是在 400 mA 的注入电流下，使用 Ando AQ6315A 光谱分析仪测试得到的拥有 1 500 μm 长谐振腔的紫外激光二极管的电致发光光谱。该激光器为单模激射且发射波长为 411.3 nm，半高宽仅有 0.527 nm，这主要得益于窄的脊宽设计，从而实现了有效的模限制。

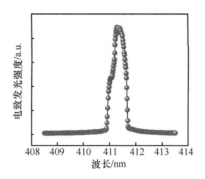

图 6-14　近紫外激光二极管在 400 mA 注入电流下的电致发光光谱

6.4　氮化镓激光二极管的高频调制及其在可见光通信中的应用

本节中首先介绍高频特性的测试和表征，然后讨论使用注入锁定等技术提高器件带宽的技术，最后介绍基于激光的可见光通信系统的最新进展。

6.4.1　氮化镓激光器的调制特性

为了研究激光器的高频性能，实验中通过使用 Agilent E8361C 网络分析仪对上述近紫外激光器进行了小信号调制响应测试。图 6-15 显示了测量装置的原理。测试过程中使用了带有高频接地信号（GS）RF 探头的定制探测器来探测激光器的输出信号。该装置包括一个直流电源 Keithley 2400，Tektronix PSPL 5580 15 GHz 宽带偏置和 ALPHALAS 7 GHz UPD-50-UP 高速硅基光电探测器（PD）。过去的研究表明，一个普通的基于 InGaN/GaN 量子阱结构的发光二极管中，只能拥有相对小的-3 dB 调制带宽[11]。最近研究显示，尽管每个 micro-LED 只有相对低的发射功率（1～2 mW），利用 micro-LED 可以将其调制带宽提高到数百兆赫兹[12-14]。因此，开发具有高输出光功率和大调制带宽的光源对可见光通信系统的应用和普及具有深远的意义。

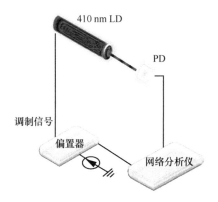

图 6-15　激光器的小信号调制响应测量装置

研究发现,生长在半极性 GaN 衬底上的近紫外激光器在 400 mA 的驱动电流下,实现了大于 3 GHz 的-3 dB 调制带宽(如图 6-16 所示),并可观察到共振峰。该实验首次验证了相比于普通发光二极管,近紫外激光器在高频通信中具备更优异的响应特性。因此,GaN 基激光器在固体照明和可见光通信中极具应用价值,前景广阔。

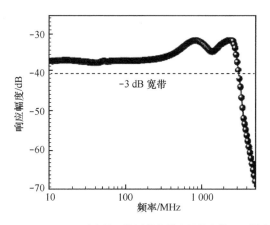

图 6-16　400 mA 驱动电流下的近紫外激光器的小信号调制响应

6.4.2　氮化镓基自注入锁定激光器及其调制特性

光学注入锁定是一种将光注入到在特定频率工作的激光谐振腔中提高激光器

可见光通信新型发光器件原理与应用

性能的技术。其实现方式可分为自注入锁定技术和外注入锁定技术两类。注入锁定技术的主要用途是实现窄线宽、大功率的单模激光器。比如利用一个低功率、窄线宽的激光器（即主激光器）作为种子源注入到高功率激光器（或从激光器）中，如果系统满足一定条件，从激光器就可以在注入光频率处建立起稳定振荡，其自由运转模式则被抑制，从而跟随主激光器的频率实现大功率输出[14]。对于可见光通信的应用来说，利用光学注入锁定可以有效提升激光器的工作带宽，从而进一步提升通信系统的性能。比如，通过外注入锁定技术，红光 VCSEL 激光器的−3 dB 带宽可以从 5.2 GHz 提升到 12.5 GHz，从而有效提升整个通信系统的数据传输能力[15]。对于氮化镓基紫光激光器，2016 年也首次报道了利用两级外注入锁定技术来实现激光器带宽的有效提升，并且可以用于高速水下光通信系统[16]。

　　相比于外注入锁定技术，自注入锁定技术具有更低的系统复杂度、更高的能量效率等优势。因此研究氮化镓基蓝绿光激光器的自注入锁定十分必要。在 2018 年，首次实现了蓝光 450 nm 激光器的自注入锁定，其发光峰展宽减小了 6.5 倍，边模抑制比（Side-Mode Suppression Ratio，SMSR）提高了 7.4 倍，调制带宽提高了 16%[17]。实验的装置如图 6-17 所示，其中使用高精度光谱分析仪检测激光器的发光光谱，利用高速光探测器与网络分析仪测量系统的小信号频率响应。

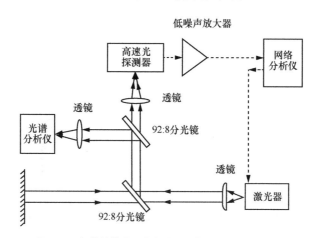

图 6-17　氮化镓基蓝绿光激光器的自注入锁定系统结构

（实线代表光路，虚线代表电学连接）

　　对于绿光激光器的研究表明，利用自注入锁定技术，能够提升约 30%的调制带宽，其发光峰展宽减小了 7 倍，边模抑制比提高了 10 dB[18]。在文献[19]中，作者系统分析比较了自注入锁定技术应用于蓝、绿、红 3 种半导体激光器的性能差异，指出这一技术的发展优化将进一步提高基于激光的高速可见光通信系统的工作性能。

6.4.3 基于氮化镓激光二极管的可见光通信系统

自 2013 年以来，基于氮化镓激光二极管作为发射器实现可见光通信的研究持续深入，报道的峰值通信速率也屡创新高[20]。在这里，初步总结了近年来基于氮化镓激光二极管的可见光通信系统的基本性能，供读者参考（表 6-1）[21]。有关于可见光通信系统结构和调制方式的讨论可参考本丛书的其他相关书目，这里不再展开。

表 6-1　近年来基于氮化镓激光二极管的可见光通信系统的基本性能

年份	发射器类型	峰值速率/(Gbit·s^{-1})	通信距离/m	调制方式	文献
2013	蓝光激光	2.5	0.10	OOK-NRZ	[22]
2015	白光（蓝光激光+荧光材料）	4.0	0.10	16-QAM-OFDM	[23]
2015	蓝、绿、红激光	4.0	<1.00	16-QAM-OFDM	[24]
2015	蓝光激光	9.0	5.00	64-QAM-OFDM	[25]
2015	白光（蓝光激光+荧光材料）	2.0	0.05	OOK	[26]
2016	白光（蓝光激光+荧光材料）	2.0	<1.00	OOK	[27]
2016	蓝光激光+集成调制器	1.0	<1.00	OOK	[28]
2017	蓝、绿、红激光	8.0	0.50	16-QAM-OFDM	[29]
2017	白光（紫光激光+荧光材料）	1.0	<1.00	OOK	[30]
2017	蓝光激光	18.0	16.00	16-QAM-OFDM	[31]
2018	紫光激光	3.2	0.10	16-QAM-OFDM	[32]
2018	紫光激光	24.0	10.00	64-QAM DMT	[33]
2018	蓝光激光	2.3	100	OOK-NRZ	[34]
2018	蓝、绿、红激光	20.0（合计）	1.00	OFDM+WDM	[35]
2019	紫、蓝、绿、红激光	35.0（合计）	1.00~4.00	OFDM+WDM	[36]
2019	蓝光激光	3.0	5.00	LDPC-编码 CAP	[37]

| 6.5　本章小结 |

高速可见光通信系统需要一种高速的光发射元件，相比于常见的照明用 LED，氮化镓基激光器具有大功率和高带宽的特点，是窄束、长距离、大容量可见光通信中首先考虑选用的器件，也是未来高亮度白光照明与通信系统的基础器件。在半极性面和非极性面上生长的氮化镓激光器具有较高的材料增益，有望实现器件量子效率与斜率效率的突破，达到与成熟的近红外激光二极管类似的能效水平。

近年来，得益于国家在蓝绿光半导体激光器领域的持续投入以及科研人员的不懈努力，我国在这一领域也有了长足的发展。中国科学院半导体研究所和中国科学院苏州纳米技术与纳米仿生研究所等研究团队在高功率氮化镓蓝光半导体激光器和硅衬底氮化镓基激光器上取得了关键突破，并进一步推动相关器件的产业化。入驻陕西光电子集成电路先导技术研究院的西安赛富乐斯半导体近年来研发的新型半极性氮化镓衬底材料有助于进一步降低半极性面上激光器的生产成本。未来氮化镓基激光器将在高亮度照明、可见光通信、水下无线通信等领域大有作为。

| 参考文献 |

[1] CHICHIBU S F, UEDONO A, ONOMA T, et al. Origin of defect-insensitive emission probability in in-containing (Al, In, Ga) N alloy semiconductors[J]. Nature Materials, 2006, 5(10): 810-816.

[2] HARDY M T, FEEZELL D F, DENBAARS S P, et al. Group III-nitride lasers: a materials perspective[J]. Materials Today, 2011, 14(9): 408-415.

[3] LUTGEN S, AVRAMESCU A, LERMER T, et al. True green InGaN laser diodes[J]. Physica Status Solidi a-Applications and Materials Science, 2010, 207(6): 1318-1322.

[4] JIANG L, LIU J, TIAN A, et al. GaN-based green laser diodes[J]. Journal of Semiconductors, 2016, 37(11): 111001.

[5] ROMANOV A E, BAKER T J, NAKAMURA S, et al. Strain-induced polarization in wurtzite III-nitride semipolar layers[J]. Journal of Applied Physics, 2006, 100(2).

[6] SCHMIDT M C, KIM K C, FARRELL R M, et al. Demonstration of nonpolar m-plane InGaN/GaN laser diodes[J]. Journal of Applied Physics Part 2-Letters & Express Letters, 2007, 46(8-11): L190-L191.

[7] FARRELL R M, HSU P S, HAEGER D A, et al. Low-threshold-current-density AlGaN-cladding-free m-plane InGaN/GaN laser diodes[J]. Applied Physics Letters, 2010, 96(23): 231113.

[8] BECERRA D L, KURITZKY L Y, NEDY J, et al. Measurement and analysis of internal loss and injection efficiency for continuous-wave blue semipolar ($20\bar{2}1$) III-nitride laser diodes with chemically assisted ion beam etched facets[J]. Applied Physics Letters, 2016, 108(9): 091106.

[9] HARDY M T, HOLDER C O, FEEZELL D F, et al. Indium-tin-oxide clad blue and true green semipolar InGaN/GaN laser diodes[J]. Applied Physics Letters, 2013, 103(8): 081103.

[10] POURHASHEMI A, FARRELL R M, COHEN D A, et al. CW operation of high-power blue laser diodes with polished facets on semi-polar $(20\overline{2}1)$ GaN substrates[J]. Electronics Letters, 2016, 52(24): 2003-2004.

[11] KURITZKY L Y, BECERRA D L, ABBAS A S, et al. Chemically assisted ion beam etching of laser diode facets on nonpolar and semipolar orientations of GaN[J]. Semiconductor Science and Technology, 2016, 31(7): 075008.

[12] MYZAFERI A, READING A H, FARRELL R M, et al. Semipolar III-nitride laser diodes with zinc oxide cladding[J] Optics Express, 2017, 25(15): 16922-16930.

[13] SHEN C. III-nitride Photonic Integrated Circuit: Multi-section GaN laser diodes for smart lighting and visible light communication[D]. Electrical Engineering：King Abdullah University of Science and Technology, 2017.

[14] 刘建梅. 半导体激光器的注入锁定研究[D]. 浙江: 浙江大学, 2008.

[15] YING C L, LU H H, LI C Y, et al. 20-Gbit/s optical LiFi transport system[J]. Optics Letters, 2015, 40(14): 3276-3279.

[16] LU H H, LI C Y, LIN H H, et al. An 8 m/9.6 Gbit/s underwater wireless optical communication system[J]. IEEE Photonics Journal, 2016, 8(5): 7906107.

[17] SHAMIM M H M, SHEMIS M A, SHEN C, et al. Enhanced performance of 450 nm GaN laser diodes with an optical feedback for high bit-rate visible light communication[C]// Conference on Lasers and Electro-Optics, May 13-18, 2018, San Jose, California. Piscataway: IEEE Press, 2018.

[18] SHAMIM M H M, SHEMIS M A, SHEN C, et al. High Performance self-injection locked 524 nm green laser diode for high bitrate visible light communications[C]//Optical Fiber Communications Conference, March 11-15, 2018, San Diego, California, United States. Piscataway: IEEE Press, 2018.

[19] SHAMIM M H M, SHEMIS M A, SHEN C, et al. Investigation of self-injection locked visible laser diodes for high bit-rate visible light communication[J]. IEEE Photonics Journal, 2018, 10(4).

[20] GUO Y, ALKHAZRAGI O, KANG C H, et al. A tutorial on laser-based lighting and visible light communications: device and technology [Invited][J]. Chinese Optics Letters, 2019, 17(4): 040601.

[21] SHEN C, ALKHAZRAGI O, SUN X, et al. Laser-based visible light communications and underwater wireless optical communications: a device perspective[C]// SPIE OPTO, February 2-7, 2019, San Francisco.[s.l.]: SPIE, 2019.

[22] WATSON S, TAN M, NAJDA S P, et al. Visible light communications using a directly modulated 422 nm GaN laser diode[J]. Optics Letters, 2013, 38(19): 3792-3794.

[23] RETAMAL J R D, OUBEI H M, JANJOA B, et al. 4 Gbit/s visible light communication link based on 16-QAM OFDM transmission over remote phosphor-film converted white light by using blue laser diode[J]. Optics Express, 2015, 23(26): 33656.

[24] JANJUA B, OUBEI H M, DURAN RETAMAL J R, et al. Going beyond 4 Gbit/s data rate by

employing RGB laser diodes for visible light communication[J]. Optics Express, 2015, 23(14): 18746-18753.

[25] CHI Y C, HSIEH D H, TSAI C T, et al. 450 nm GaN laser diode enables high-speed visible light communication with 9 Gbit/s QAM-OFDM[J]. Optics Express, 2015, 23(10): 13051-13059.

[26] LEE C, SHEN C, OUBEI H M, et al. 2 Gbit/s data transmission from an unfiltered laser-based phosphor-converted white lighting communication system[J]. Optics Express, 2015, 23(23): 29779.

[27] DURSUN I, SHEN C, PARIDA M R, et al. Perovskite nanocrystals as a color converter for visible light communication[J]. ACS Photonics, 2016, 3(7): 1150-1156.

[28] SHEN C, NG T K, LEONARD J T, et al. High-modulation-efficiency, integrated waveguide modulator-laser diode at 448 nm[J]. ACS Photonics, 2016, 3(2): 262-268.

[29] WU T C, CHI Y C, WANG H Y, et al. Tricolor R/G/B laser diode based eye-safe white lighting communication beyond 8 Gbit/s[J]. Scientific Reports, 2017, 7: 11.

[30] LEE C, SHEN C, COZZAN C, et al. Gigabit-per-second white light-based visible light communication using near-ultraviolet laser diode and red, green, and blue-emitting phosphors[J]. Optics Express, 2017, 25(15): 17480-17487.

[31] HUANG Y F, CHI Y C, KAO H Y, et al. Blue laser diode based free-space optical data transmission elevated to 18 Gbit/s over 16 m[J] Scientific Reports, 2017, 7(1): 10478.

[32] HO K T, CHEN R, LIU G, et al. 3.2 Gbit/s visible light communication link with InGaN/GaN MQW micro-photodetector[J]. Optics Express, 2018, 26(3): 3037-3045.

[33] WANG W C, WANG H Y, LIN G R. Ultrahigh-speed violet laser diode based free-space optical communication beyond 25 Gbit/s[J]. Scientific Reports, 2018, 8(1): 13142.

[34] OOI B S. Visible light communication[C]// Pacific Rim Conference on Lasers and Electro-Optics (CLEO-PR), July 29-August 3, 2018, Hong Kong, China. Piscataway: IEEE Press, 2018.

[35] WEI L Y, HSU C W, CHOW C W, et al. 20.231 Gbit/s tricolor red/green/blue laser diode based bidirectional signal remodulation visible-light communication system[J]. Photonics Research, 2018, 6(5): 422-426.

[36] CHUN H, GOMEZ A, QUINTANA C, et al. A wide-area coverage 35 Gbit/s visible light communications link for indoor wireless applications[J]. Scientific Reports, 2019, 9: 20.

[37] HE J, LI Z Q, SHI J. Visible laser light communication based on LDPC-coded multi-band CAP and adaptive modulation[J]. Journal of Lightwave Technology, 2019, 37(4): 1207-1213.

多段式氮化镓激光器和光子集成电路

除了光发射器，可见光通信系统中还会用到光探测器、调制器与光放大器等器件。实现小型化、高效率、低功耗的可见光全双工通信芯片需要一种能够实现不同功能的光电器件直接片上集成的技术。氮化镓基光子集成芯片技术是一个全新的研究领域，本章介绍在同一衬底上直接制备激光光源和与波导调制器、半导体光放大器以及接收器集成的技术，并探讨该技术制成的一系列光电集成芯片的性能及其在可见光通信中的应用。

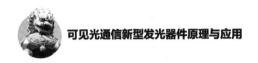
|7.1 氮化镓基光子集成芯片概述 |

截至目前，氮化镓分立器件，如激光二极管、面调制器等已经在固态照明、可见光通信、光子时钟等领域中得到了应用[1]。而发展小型、高速和低功耗的光互联和光通信系统则对这些分立器件实现片上光子芯片集成提出了要求。对于氮化镓基材料和器件来说，这是一个全新的、尚未广泛研究的领域[2-3]。本章讨论了实现氮化镓基蓝紫光波段光子集成芯片的技术难点，提出了基于多段式激光器实现与波导调制器、半导体光放大器、波导接收器集成的设计思路、加工工艺和性能特性。

|7.2 氮化镓激光二极管和集成波导调制器 |

本节介绍在蓝紫光波段集成波导调制器的激光二极管（Integrated Waveguide Modulator-Laser Diode，IWM-LD）的设计加工和光电特性。目前，基于激光的可见光通信系统主要使用电流直接调制发射端光源[4-5]，如基于通断键控[6]和正交频分复用（Orthogonal Frequency Division Multiplexing，OFDM）[7]调制技术的工作已经见诸报道。然而，随着 VLC 技术的进一步发展，对光发射器调制的性能和功耗也提出了更高的要求。对于直接调制来说，其存在着瞬态发热[8]、RC 延迟等潜在挑战。因此，我们探索了使用电吸收调制（Electroabsorption Modulation，EAM）代替直接电流调制的方案。这一方案将利用集成波导调制器的两段式激光器来同时实现固定功率激光驱动和电吸收调制，从而有助于解决直接调制中存在的瞬态发热和 RC 延迟问题。

已有的研究初步揭示了基于氮化物材料的平面结构调制器的工作原理和特性，这包括使用 InGaN/GaN 量子阱[9-10]、使用 GaN/AlGaN 量子阱[8-9]和利用 GaN 薄膜[8]来实现紫外–可见光波段调制。然而，这一类平面结构调制器并不适合与光源直接集成。而波导调制器因为非常适合与激光器的集成，因而对于可见光通信的器件研究来说更具意义。由于蓝紫光波段（$\lambda = 400 \sim 460$ nm）的器件是可见光通信中的关键部件[11]，发展蓝光和紫光波段的波导调制器及其与激光二极管的集成是实现小型、低功耗、多功能的光子集成的重要组成部分。此外，氮化镓基集成波导调制器–激光器具有与硅基光探测器相重合的工作光谱范围，而传统的砷化镓基激光器和磷化铟基激光器主要工作波段与硅基光探测器并不重合，因此使用可见光调制器替代红外波段的器件也被看作是未来 CMOS 电路中的光互联的潜在技术方案[12-14]。因此，氮化镓激光二极管和集成波导调制器的研究具有重要的科学价值和应用前景。

为了实现氮化镓基集成波导调制器–激光器，我们首先考虑选用材料的极化场特性。对于氮化物量子阱结构来说，在极性面（c 面）上生长的量子阱具有较大的内建极化场和压电极化场，随着外加负偏压的增加，吸收边会蓝移[15]。因此，这类器件在外加电场作用下，首先会中和内建电场的作用，而较大的极化场（通常在 MV/cm 量级）[16] 导致这类器件的调制效率远低于传统 III-V 族材料（如 InGaAsP[17]和 InGaP[18]）的调制性能。而在半极性（20$\overline{2}$1）面上生长的量子阱结构具有极小的极化场[19-20]，因此可以用来制作高效率的波导调制器。

7.2.1　蓝光波段集成波导调制器的激光二极管

本节探讨了在半极性（20$\overline{2}$1）面上制备蓝光波段 IWM-LD 的设计和表征。在 448 nm 发光的 IWM-LD 中得到了 9.4 dB 的消光比和较低的（3.5 V）工作电压，因而具有 2.68 dB/V 的调制效率。通过对电吸收特性的测试，发现该器件的吸收边发生了红移。这一调制特性源自于该量子阱结构在外加电场作用下的量子限制斯塔克效应。通过对比研究半极性面和极性面上的 InGaN/GaN 量子阱结构的光电流谱，证实了半极性面上的 InGaN/GaN 量子阱结构具有类似于砷化镓基等传统 III-V 族化合物半导体量子阱结构的工作特性。这得益于半极性面上氮化镓结构中较小的内建极化场。这一系列实验表明基于半极性面氮化镓激光器在同一外延层上实现集成波导调制器具有可行性，并且这一功能集成平台技术将在未来高性能照明–通信中得到应用。

半极性面上蓝光集成波导调制器的激光二极管结构如图 7-1 所示。该器件的外延结构使用金属有机气相沉积（MOCVD）技术生长，包含 12 nm 厚的高掺杂 p 型 GaN（[Mg] = 1×10^{20} cm^{-3}）、400 nm 厚的标准掺杂 p 型 GaN（[Mg] = 1.5×10^{18} cm^{-3}）、60 nm 厚的低掺杂 p 型 In$_{0.05}$Ga$_{0.95}$N 分离限制异质结构（SCH）（[Mg] = 7.5×10^{17} cm^{-3}）、18 nm 厚的 Al$_{0.15}$Ga$_{0.85}$N 电流阻挡层（EBL）（[Mg] = 1.5×10^{18} cm^{-3}）、4 对 In$_{0.2}$Ga$_{0.8}$N/GaN 量子阱、60 nm 厚的低掺杂 n 型 In$_{0.05}$Ga$_{0.95}$N 分离限制异质结构和 2 μm 厚的 n 型 GaN。

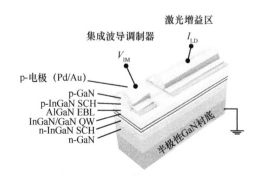

图 7-1 InGaN/GaN 量子阱集成波导调制器的激光二极管结构

该器件是一个三端器件，包含一个反向偏置的集成调制器（200 μm 长）和一个正向偏置的激光增益区（1.29 mm 长），因而该器件具有多段式结构。这一 IWM-LD 具有脊形波导结构，使用了等离子体干法刻蚀做成的镜面，p 和 n 面金属电极分别使用了 Pd/Au 和 Ti/Al/Ti/Au，具体工艺可参考文献[21-22]。

通过光谱仪 OceanOptics HR4000 测得该蓝光 IWM-LD 的发光峰在 448 nm，具有 0.8 nm 的半峰宽（FWHM）如图 7-2 所示。其集成调制器部分和激光增益部分共用相同的量子阱外延结构，这两部分具有光波导耦合，从而使得由激光增益区发射的光能被集成调制器所调制。在器件制作工艺中可控移除了两段结构之前的 p 型导电层而保留横向电阻较大的波导层和电子阻挡层，从而实现集成调制器和激光增益区的独立驱动。两部分之间具有较大的隔离电阻（1.2 MΩ），该电阻比器件本身的工作电阻小数个数量级，因此 IWM-LD 的两个部分在工作中相互绝缘，避免串扰。在 InGaAs-InGaAsP 材料体系中的同类器件需要利用热退火工艺来实现调制器区域的能级变化，从而减小吸收损耗[23]。而在氮化物器件中，集成调制器可以利用自身的极化场效应而不需要外加退火工艺。

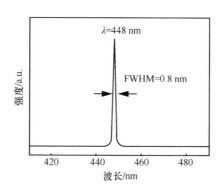

图 7-2　通过光谱仪测得的蓝光 IWM-LD 的发光光谱

　　该器件的电学特性可通过测量在调制器不同调制偏压下输出光功率与激光增益区注入电流的关系来集中分析如图 7-3 所示。在集成波导调制器不加偏压（$V_{IM} = 0$）情况下，该 IWM-LD 器件的阈值电流（I_{th}）为 435 mA。当激光增益区注入电流增加到 500 mA（$1.15 I_{th}$）时，该器件的输出光功率为 15.9 mW。在本实验中器件并未进行封装，因此注入电流最大限制在 600 mA，以避免热效应对器件性能的影响。当调制区加上不同的调制偏压后，在集成调制器的电吸收效应作用下，器件的光功率被减弱。比如，在–2 V、–3 V 和–3.5 V 电压下，光功率分别为 9.3 mW、4.6 mW 和 1.8 mW。

　　激光增益区注入电流保持在 500 mA 时，IWM-LD 输出光功率与集成调制器调制偏压的关系如图 7-4 所示。当调制偏压在–3.5 V 时，激光输出被完全抑制，因此此时器件为关断状态。器件在调制偏压为 0 时具有最大的输出，即完全开启状态。可见，器件输出光功率被调制器的调制电压所控制，从而可以实现电吸收强弱的变化，达到对器件开启和关断的控制。在 500 mA 的激光驱动电流下，该器件在–3.5 V～0 的调制偏压下具有 8.8（9.4 dB）的消光比（$R_{ON/OFF} = P_{ON}/P_{OFF}$）。该集成调制器所需要的偏压远小于传统极性面上调制器的工作偏压（7 V）[16]，因而具有远高于传统极性面器件的调制效率（2.68 dB/V）。

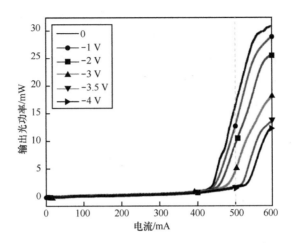

图 7-3 蓝光 IWM-LD 器件在调制器不同调制偏压下输出光功率与激光增益区注入电流的关系

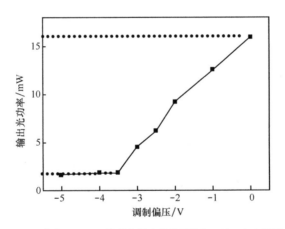

图 7-4 蓝光 IWM-LD 器件在激光增益区注入 500 mA 电流时
器件输出光功率与集成调制器调制偏压的关系

为了进一步分析器件的工作原理，我们测量了该器件的电吸收特性曲线和光电流谱。半极性面量子阱的吸收变化 $\Delta\alpha$ 是通过测量不同调制偏压下的透射光谱并根据式（7-1）得到的。

$$\Delta\alpha = -\frac{1}{d}\ln(P_{V_{\text{IM}}} / P_0) \tag{7-1}$$

其中，d 是 InGaN 量子阱结构的总厚度，$P_{V_{\text{IM}}}$ 是在 V_{IM} 的调制偏压下的透射光功率，P_0 是在无调制偏压下的透射光功率。测得的吸收变化特性曲线如图 7-5 所示。从图中可以看出，外加电场引入的吸收变化边与 InGaN 量子阱能级相符，并且量子阱结构在发光峰（448 nm）附近的吸收特性随着外加偏压的变化而变化。当调制偏压从 −6～−1 V 变化时，半极性面 InGaN/GaN 量子阱调制器的吸收边发生了红移。这种空间电荷区内建电场随着外接偏置电压增加而增加的特性与 AlGaAs/GaAs 类异质结构的特性类似[24]。在 −1 V 调制偏压下，在发光峰（448 nm）波长处的吸收变化为 200 cm^{-1}，随着调制偏压增加为 −6 V，吸收变化增加到 3 200 cm^{-1}。随着调制偏压增加，吸收变化单调增加和吸收边红移的特性源自于外加电场引入的量子限制斯塔克效应。而光电流谱的测量也进一步揭示了半极性面和极性面 InGaN 量子阱结构在外加电场作用下不同的吸收变化特性，在文献[21]中有具体讨论。

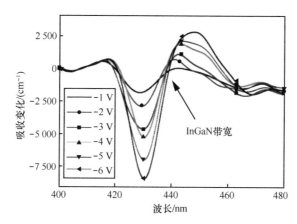

图 7-5　蓝光 IWM-LD 器件在不同调制偏压下吸收变化与光波长的关系

在极性面（c 面）InGaN/GaN 量子阱中存在较强的压电场（如 $In_{0.2}Ga_{0.8}N$ 层中约 3.1 mV/cm）[25]，这是由于材料中极化不连续性导致的（在 $In_{0.2}Ga_{0.8}N$ 层中约 0.03 C/m^2）[26]。而这一压电场和 PN 结内建电场的方向相反。因此，当对极性面氮化镓量子阱外加偏置时，其需要首先中和压电场的影响，才能引入与内建电场方向一致的净电场作用。也就是说，当外加偏置电压时，其首先要中和压电场效应，在吸收变化特性上表现为吸收边蓝移和变窄。直到该偏压足够大到能全部抵消压电场效应，才能引入吸收边红移和展宽的效果。对于常见的蓝光量子阱（如 4 组 3.6 nm 厚的 InGaN 量子阱）来说，通常需要 −4.5 V 的偏置电压来引入足够的电场抵消压电场效应。因此，这导致需要较大的工作偏置电压才能使极性面上的氮化镓基调制器实现有效调制，这也是其调制效率难以提升的原因。而半极性面 InGaN 量子阱因为具有很小的压电场，因此只需要很小，甚至可以忽略的偏置电压就能完全消除压电场的影响。因此，在半极性面上的波导调制器具有很高的调制效率，也使得半极性面上的 IWM-LD 更具应用价值。

为了探索利用集成波导调制器来进行信号调制的频率响应，我们通过小信号测试研究了 IWM-LD 器件的带宽。利用网络分析仪产生-10 dBm 的 RF 信号，并通过偏置器将信号引入集成波导调制器。IWM-LD 器件的激光增益部分保持 500 mA 的恒定驱动电流，调制器上外加-3.5 V 的偏压。输出的调制光信号通过 1 GHz 带宽的高速硅光 APD 来接收并返回网络分析仪。图 7-6 是测得的器件频率响应曲线，其-3 dB 带宽为 1 GHz，而这其实是来自于硅光接收器的带宽限制。但该测试也已证实氮化镓基集成电吸收调制器的激光器可以用来作为高速光通信的发射器件使用。

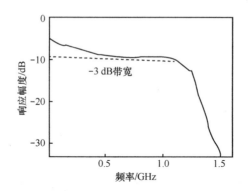

图 7-6　蓝光 IWM-LD 器件在-3.5 V 调制电压、500 mA 驱动电流下的小信号频率响应

7.2.2　紫光波段集成波导调制器的激光二极管

类似于蓝光激光器与黄光荧光材料配合产生白光，利用紫光激光器与红绿蓝 3 种荧光材料结合是另外一种产生高质量白光的技术方案[27]。近年来也报道了利用紫光激光器产生高质量白光并实现可见光通信的可行性[28]。本节将探讨紫光（404 nm）波导电吸收调制器集成激光器的工作特性。

紫光 IWM-LD 具有与蓝光器件类似的结构，其波导宽度为 7.5 μm，集成调制器长度为 100 μm，激光增益区长度为 1.39 mm，具体结构可参见文献[29]。在激光增益区 700 mA 的电流驱动下，IWM-LD 器件发光峰在 404 nm 如图 7-7 所示。

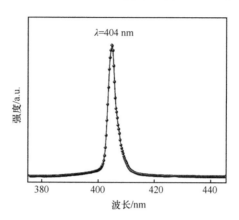

图 7-7　紫光 IWM-LD 器件的发光光谱

　　紫光 IWM-LD 的光电特性曲线显示，在激光增益区施加 650 mA 的电流，而在集成调制器部分施加不同的调制电压，能够有效实现器件的开启和关断如图 7-8 所示。在集成调制器上施加 0、−1 V、−1.5 V、−2 V 和−2.5 V 的调制电压时，该器件输出光功率分别为 5.2 mW、2.7 mW、1.3 mW、0.56 mW 和 0.38 mW。所以当调制电压达到−2 V 时，紫光 IWM-LD 已经在关断状态。在调制电压为 0 时则为完全开启状态。在 650 mA 的激光驱动电流下，该器件在−2.5 V～0 的调制偏压下具有 13.53（11.3 dB）的消光比。由此可知该器件具有高达 4.5 dB/V 的调制效率。

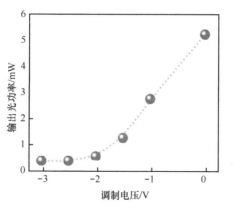

图 7-8　紫光 IWM-LD 器件在激光增益区 650 mA 驱动电流下
输出光功率随集成调制器上调制电压变化的关系

　　紫光 IWM-LD 的频率响应特性类似于前文提到的蓝光器件,从该器件的小信号测试中也得到了 1 GHz 的带宽[29]。进一步利用该器件作为光通信发射器,测试了其在光通信系统中传输数据的性能。该实验中利用码型发生器产生 PRBS（$2^{10}-1$）,利用通断键控调制,并使用误码率分析仪测试在不同数据传输率下的误码率。图 7-9 中分别展示了在 1 Gbit/s 和 1.7 Gbit/s 数据传输率下采集得到的眼图。可以看出在 1.7 Gbit/s 下紫光 IWM-LD 依然能够实现有效的数据传输。在 1 Gbit/s 和 1.7 Gbit/s 速率下误码率分别为 1.1×10^{-6} 和 3.1×10^{-3},均满足前向纠错门限的要求（3.8×10^{-3} 以下）。进一步优化系统和使用诸如正交频分复用等高阶调制模式有望进一步增加系统的通信速率,关于系统优化和调制模式可以参考本丛书中的其他相关书目。

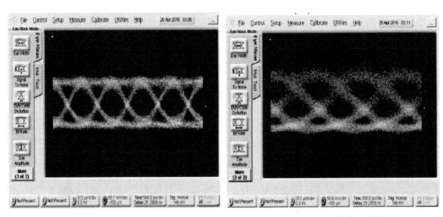

(a) 1 Gbit/s 速率下的眼图　　　　　　(b) 1.7 Gbit/s 速率下的眼图

图 7-9　紫光 IWM-LD 器件作为光源在数据传输率为 1 Gbit/s 和 1.7 Gbit/s 的光通信中得到的眼图

　　本节介绍了可见光波段电吸收调制器及其与激光器的集成,分析了氮化物集成调制器-激光器的技术难点,提出了在半极性面上制备高效率实用集成波导调制器的激光二极管,并且分析了其电学和光学以及频率响应的特性。得益于半极性面上 InGaN/GaN 量子阱中较低的压电场,在紫光 IWM-LD 中利用集成调制器实现了器件开关的控制,测得比较高的消光比(11.3 dB),较低的调制电压(−2.5 V)。该 IWM-LD 具有优异的高频响应特性,测得 1 GHz 的−3 dB 带宽,并且利用该器件作为光源,实现了 1.7 Gbit/s 的 OOK 通信。作为一种适用于可见光通信的集成元件,IWM-LD 为高性能光发射器提供了新的思路。

|7.3　氮化镓激光二极管和集成光放大器 |

本节探讨氮化镓基高增益半导体光放大器集成激光器的结构和性能。该半导体光放大器–激光器集成器件（Semiconductor Optical Amplifier-Laser Diode，SOA-LD）的外延结构如图 7-10 所示。器件外延层包含 4 对 $In_{0.1}Ga_{0.9}N/GaN$ 量子阱、p 型和 n 型 $In_{0.05}Ga_{0.95}N$ 分离限制异质结构、$Al_{0.18}Ga_{0.82}N$ 电流阻挡层和高掺杂的 p 型和 n 型 GaN 接触层。p 端和 n 端的金属电极分别使用了 Pd/Au 和 Ti/Al/Ti/Au。

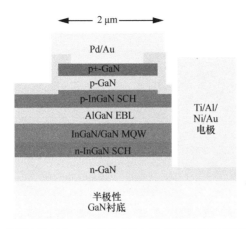

图 7-10　半极性面 405 nm 半导体光放大器–激光器集成器件的外延结构

半导体光放大器–激光器集成器件的结构如图 7-11 所示。该器件由 300 μm 长的半导体光放大器部分和 1.19 mm 长的激光器部分组成，脊状波导宽度为 2 μm。器件的腔面使用干法刻蚀工艺制作。SOA 和激光器共地，两部分中的低阻抗 p 型 GaN 材料被刻蚀掉从而实现两部分电学上的相互绝缘。因此，这可以保证两器件可以分别独立驱动，然而其光波导部分依然保证可以实现激光器和 SOA 的光学耦合，从而使集成 SOA 部分可以实现对激光器发射光的放大功能[30]。

紫光 SOA-LD 可以在室温下连续工作如图 7-12 所示。实验中使用了 Keithley 2520 和 Keithley 2400 两台电源量表分别驱动 SOA 和激光器，通过光谱仪测得该器件的发光峰在 404 nm[31]。

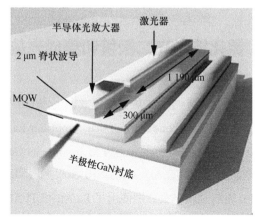

图 7-11　氮化镓基 SOA-LD 的器件结构

图 7-12　氮化镓基 SOA-LD 在室温下的工作照片
（图中可见 3 个探针分别连接 SOA、激光器和共地 3 个电极）

通过在不同 SOA 驱动电压下测试 SOA-LD 输出光功率与激光器驱动电流的关系，可以分析光放大器和 SOA-LD 的特性如图 7-13 所示。在本实验中，SOA 驱动电压 V_{SOA} 从 0 增加到 6.25 V，激光器的驱动电流则从 0 增加到 275 mA。从图中可以明显看出激光器在注入电流达到阈值电流 I_{th} 之后，光功率快速增加。当 V_{SOA} 高于 4 V 时，SOA-LD 的输出光功率明显高于 V_{SOA} 为 0 时的输出光功率，这也证实了 SOA 的放大作用。

这里重点分析光放大器的工作特性。在激光器注入电流为 250 mA 时，图 7-14 描述了器件输出光功率与 V_{SOA} 的关系曲线以及器件 I_{th} 与 V_{SOA} 的关系曲线。在 V_{SOA} 为 0、4 V、5 V、6 V 和 6.25 V 时，SOA-LD 的输出光功率分别为 8.2 mW、9.0 mW、17.5 mW、28.0 mW 和 30.5 mW。同时，器件 I_{th} 也逐渐由 229 mA（ V_{SOA} 为 0 ）降低

到 209 mA（V_{SOA} 为 4 V）、155 mA（V_{SOA} 为 5 V）、138 mA（V_{SOA} 为 6 V）和 135 mA（V_{SOA} 为 6.25 V）。因此，可以明显看出集成 SOA 对于激光器的光放大作用。

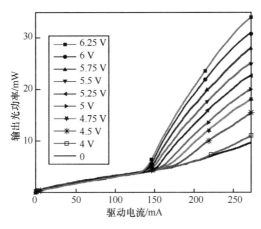

图 7-13　氮化镓基 SOA-LD 在不同 SOA 驱动电压下输出光功率与

激光器驱动电流的关系

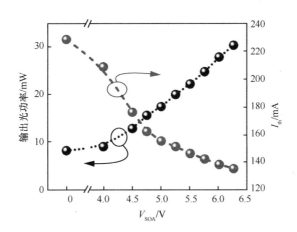

图 7-14　紫光 SOA-LD 在激光器部分注入电流为 250 mA 时，

器件输出光功率与 V_{SOA} 的关系，以及器件 I_{th} 与 V_{SOA} 的关系

下面具体分析 SOA-LD 的增益（gain）与驱动电压的关系。在这里增益定义为器件在 V_{SOA} 的驱动电压下的输出光功率与其在 $V_{SOA}=0$ 时输出光功率的比值。

$$gain = P_{V_{SOA}} / P_{V=0}$$

图 7-15 是在不同 V_{SOA} 下增益与激光器注入电流的关系曲线。可以看出在注入

电流为 250 mA 时，增益随着 V_{SOA} 的增加而增加。

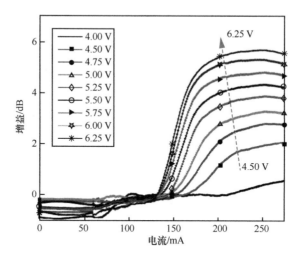

图 7-15　紫光 SOA-LD 在不同 V_{SOA} 下增益与激光器注入电流的关系

通常来说，当 InGaN/GaN 量子阱的注入电流达到透明条件时，器件才会显示出正的净增益。考虑到 SOA-LD 器件的 SOA 区域和激光器区域共用同样的外延结构，这两个部分到达透明条件所需的注入电流密度应该是一致的。该器件透明电流密度 J_0 是通过测量一系列不同腔长的激光器的电学特性拟合得到的，具体测试和计算方法在第 6 章和相关文献[22]中可以找到参考。在 SOA-LD 中测得的 J_0 为 900 A/cm^2，对于 SOA 来说，其透明电流 I_0 为 5.4 mA。对应的偏置电压为 3.5 V，这也与实验中观测到当 V_{SOA} 超过 4 V 时出现正增益的结果相吻合。

在 I_{LD} 为 250 mA 时，随着 V_{SOA} 从 4 V 增加到 6.25 V，器件的增益从 1.1 dB 增加到 5.7 dB，增长率为 2.46 dB/V。这一较高的增益也得益于半极性面上量子阱中具有较大的电子-空穴波函数重叠[26]。

下面分析集成 SOA 的激光器的光谱特性，并进一步验证放大效应。在激光器注入电流为 200 mA 时，紫光 SOA-LD 在 V_{SOA} 分别为 0 和 6.25 V 时的发射光谱如图 7-16 所示，图中上侧曲线和右侧坐标轴表示了光谱的放大比 R_{amp}。在这里，R_{amp} 定义为该波长两者信号强度的比值。比较 SOA-LD 在 V_{SOA} 分别为 0 和 6.25 V 下的发射光谱可知，在 V_{SOA}=6.25 V 时，光谱的强度大为增加，并且谱峰的半峰宽收窄（由 3 nm 收窄到 0.6 nm）。由此证实了在激光器上施加 200 mA 的驱动电流，当 V_{SOA} 由 0 增加到 6.25 V 时，器件由自发辐射模式变为受激辐射模式，这也与图 7-13 中光强–电流关系曲线相符。在 **404 nm** 波长处，该器件显示了高达 **18.4** 的放大比。光谱特性的分析也进一步证实了集成半导体光放大器的放大特性。

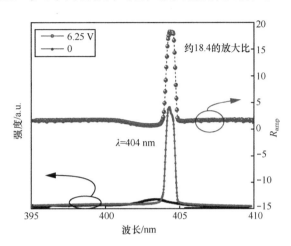

图 7-16　紫光 SOA-LD 在 I_{LD} = 200 mA 时，V_{SOA} 分别为 0 和 6.25 V 下的发射光谱

本节介绍了一种半极性面上高增益集成半导体光放大器–激光器器件的设计和表征。实验表明氮化物 SOA 与激光器集成能有效实现光放大的功能，作为首个工作在蓝紫光波段的 SOA 器件，为进一步发展氮化物光子集成电路奠定了基础。进一步的实验显示，利用 SOA-LD 来实现信号调制也成为可能，使得这类器件在智能照明和可见光通信中具有了应用前景[30]。

7.4　氮化镓激光二极管和集成波导光接收器

氮化物发光二极管[32-33]，超辐射二极管[34-35]和激光二极管[36-37]作为蓝紫光发光器件已经在白光照明[38-39]和可见光通信[28,40]中得到了应用。除了作为发射器件之外，InGaN/GaN 量子阱也可制成被动器件，如平面调制器[41]和光接收器[42]。光接收器作为光通信系统中另一个关键元件，近年来也越来越受到关注。如果能实现接收器与发射器的直接片上集成，将有利于实现实时输出监测、片上通信等功能。然而传统的表面光接收器难以实现与 LED 等面发射器件的直接集成。为了解决这一问题，本节讨论了一种新型的氮化镓基波导光接收器（WPD）及其与激光器的集成。

对于实现 InGaN/GaN 量子阱波导光接收器与激光器的直接集成来说，一个主要的技术难点在于传统的极性面器件中极化场导致吸收峰和发射峰的分离，即斯托克斯频移 [43]。其带来的后果是同一量子阱结构的光接收器在激光器的工作波长上的效率非常低。为解决这一挑战，我们在半极性面衬底上制作了 InGaN/GaN 量子阱结构并得到了高性能的波导光接收器，实现 WPD 与 LD 的片上集成。

该器件的外延结构与前节的结构类似，激光器的长度为 505 μm，波导光接收器的长度为 90 μm，WPD 位于 LD 的尾端腔面外约 5 μm 处，器件的加工工艺可参考文献[44]。

这里首先分别测量激光器和波导光接收器的电学性能。使用 Keithley 2520 激光测试系统与积分球来测激光器的输出光功率。由于激光器前后腔面均没有介质反射层，因此可以认为激光器两端的输出光功率一致。激光器的光功率由前端放置的积分球与探测器测量得到。

图 7-17 是激光器在连续工作状态下输出光功率-驱动电压-驱动电流的关系曲线，可以看出激光器的阈值电流为 130 mA，斜率效率为 0.4 W/A。而安装在激光器尾端的波导接收器则由一台 Keithley 2400 源表来测量光电流。其测试得到的光电流与激光器输出光功率的比较如图 7-18 所示。在本实验中，PD 的偏置电压为 0，可以看出 PD 的光电流与激光器注入电流的曲线和激光器输出光功率与注入电流的曲线具有类似的形状和表现。PD 的光电流在激光器注入电流超过 130 mA 后快速上升，与激光器的阈值电流相符。当激光器注入电流继续增加时，其输出光功率也快速增加，PD 有效接收到的光信号增加从而导致光电流的增加。因此，该集成波导接收器可以有效接收激光器的输出，具有输出监测功能。

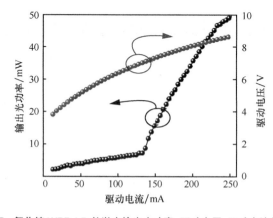

图 7-17　氮化镓 WPD-LD 的激光输出光功率-驱动电压-驱动电流关系曲线

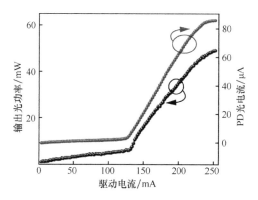

图 7-18　激光器输出光功率与激光器驱动电流的关系和 PD 光电流与激光器驱动电流的关系曲线

对于光探测器，外加偏置电压将有助于增加光响应，得到更大的电流信号。对于集成波导接收器来说，其在不同偏置电压下器件的光电流如图 7-19 所示。在该实验中，为了减小激光器的热效应，激光器使用了脉冲电流驱动，脉宽为 5 μs，占空比为 10%。从图 7-19 中可以看出，随着 PD 上偏置电压的增加，接收到的光电流信号也随之增加，这是由于在外加电场下耗尽区变宽，导致吸收和光电流增加。在 LD 驱动电流恒定为 200 mA 时，给 WPD 分别施加 0、2 V、4 V 和 6 V 的电压，接收到的光电流分别为 63.5 μA、80.7 μA、112.3 μA 和 130.4 μA。图 7-20 是经过换算得到的光电流与接收到的光功率的关系曲线。这一曲线是基于两个前提换算而来的：一是激光器前后两个镜面的输出光功率一致；二是激光器后端发射出的光均被光接收器接收到。在图 7-20 中可以看出 WPD 器件响应曲线的斜率随着其外加偏置电压的增加而增加，因此在 WPD 上施加合适的偏置电压将有利于微弱信号的接收。

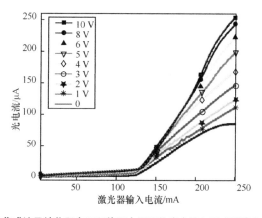

图 7-19　氮化镓集成波导接收器在不同偏置电压下的光电流与激光器输入电流的关系曲线

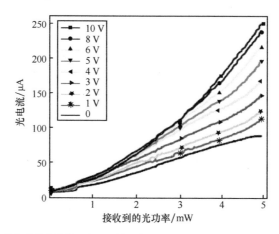

图 7-20   氮化镓集成波导接收器在不同偏置电压下的光电流与接收到的光功率的关系曲线

　　响应度是 PD 的一项重要参数，根据实验测得的光电流和接收光功率可以计算得到该波导接收器的响应度如图 7-21 所示。随着 WPD 上偏置电压从 0 增加到 10 V，响应度也相应从 18 mA/W 升高到 51 mA/W。对于在同一氮化镓基外延层上实现光发射和光接收的器件来说，这一响应度远高于传统的极性面上 InGaN/GaN 量子阱 LED 与 PD 双功能器件的响应度[45-48]。本节介绍的激光器与波导接收器集成器件的量子阱结构的发射光谱与吸收光谱具有较好的重叠，从而能够得到较高的 WPD 响应度。这也是半极性面上利用多段式氮化镓激光器实现集成高性能波导接收器的优势所在。

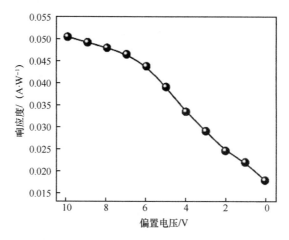

图 7-21   氮化镓集成波导接收器的响应度与偏置电压的关系曲线

作为光通信的信号接收器，除了要考察 WPD 的响应度，其频率响应也是另一个重要参数。而这一点对于片上通信和可见光双向通信收发机更为重要。这里利用 Agilent E8257D 信号发生器来产生一定频率的正弦波调制信号，经过偏置器与直流电源一起驱动 WPD-LD 中的激光器。而 WPD 则接收激光器的信号，并通过 Agilent DSO5034A 示波器来读出接收到的正弦波信号。实验中通过从低频到高频的连续测试，记录并分析 WPD 接收到的信号强度，从而得到频率响应曲线如图 7-22 所示。由于激光器的调制带宽高达 GHz 量级以上[49]，因此这里观察到的频率响应主要是源自于 WPD 的频率特性。实验测得该 InGaN/GaN 量子阱波导接收器具有 230 MHz 的 3 dB 带宽，这一工作频率远高于此前报道的氮化镓基肖特基势垒 PD（带宽 5.4 MHz）[46]和氮化镓基 PIN PD（带宽 10～20 MHz）[45]。这一特性表明该 WPD 可以作为一种集成高速光电接收器与激光器一起在片上通信和可见光通信中使用。

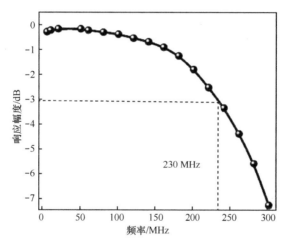

图 7-22　氮化镓集成波导接收器的频率响应曲线

7.5　本章小结

本章系统讨论了可见光波段集成光电子芯片的设计原理与制备工艺，为在氮化镓基材料上实现高性能光子集成电路指明了方向。目前业界对在近红外波段实现光发射、调制、传输和接收器件的集成已经有所探索，而在可见光，特别是蓝紫光波段的实现却并不容易。最近 3 年以来，这一课题得到了越来越多的关注，除作者所在单位外，包括中国科学院苏州纳米技术与纳米仿生所、南京邮电大学、香港大学、香港科技大学、亚利桑那州立大学等科研单位也在 LED、光波导与探测器的片上集成[50]，LED、探测器与高电子迁移率晶体管的集成[51]，硅基板上光电器件集成[52]等领域开展了一系列研究工作。对于可见光通信来说，光电集成芯片的进一步发展将有助于实现全双工高速可见光通信系统的小型化，降低系统功耗，提高通信能效。进一步优化器件加工工艺，提高器件的增益与效率，探讨集成光子芯片的可靠性，以及与信号处理电路乃至基带芯片的集成将是未来值得进一步研究的方向。

| 参考文献 |

[1] SHEN C, ALKHAZRAGI O, SUN X B, et al. Laser-based visible light communications and underwater wireless optical communications: a device perspective[C]// Novel In-Plane Semiconductor Lasers XVIII, February 1-6, 2019, San Francisco, USA. [s.l.]: SPIE OPTO, 2019.

[2] SHEN C, LEE C, NG T K, et al. Integrated photonic platform based on semipolar InGaN/GaN multiple section laser diodes[C]//2017 Conference on Lasers and Electro-Optics Pacific Rim (CLEO-PR), July 31-August 4, 2017, Singapore. Piscataway: IEEE Press, 2017: 1-2.

[3] SHEN C. Visible lasers and emerging color converters for lighting and visible light communications[C]// Light, Energy and the Environment Congress, November 6-9, 2017, Boulder, Colorado. [s.l.]: OSA Publishing, 2017.

[4] TSAI C T, CHENG M C, CHI Y C, et al. A novel colorless FPLD packaged with TO-Can for 30Gbit/s Preamplified 64QAM-OFDM transmission[J]. IEEE Journal of Selected Topics in Quantum Electronics, 2015, 21(6): 1-13.

[5] WATSON S, TAN M M, NAJDA S P, et al. Visible light communications using a directly modulated 422 nm GaN laser diode[J]. Optics Letters, 2013, 38(19): 3792-3794.

[6] OUBEI H M, LI C, PARK K H, et al. 2.3 Gbit/s underwater wireless optical communications using directly modulated 520 nm laser diode[J] Optics Express, 2015, 23(16): 20743-20748.

[7] JANJUA B, OUBEI H M, RETAMAL J R, et al. Going beyond 4 Gbit/s data rate by employing RGB laser diodes for visible light communication[J]. Optics Express, 2015, 23(14): 18746-18753.

[8] KAO C K, BHATTACHARYYA A, THOMIDIS C, et al. Electroabsorption modulators based on bulk GaN films and GaN/AlGaN multiple quantum wells[J]. Journal of Applied Physics, 2011, 109(8): 083102.

[9] OZEL T, SARI E, NIZAMOGLU S, et al. Violet to deep-ultraviolet InGaN/GaN and

GaN/AIGaN quantum structures for UV electroabsorption modulators[J]. Journal of Applied Physics, 2007, 102(11).

[10] SARI E, OZEL T, KOC A, et al. Comparative study of electroabsorption in InGaN/GaN quantum zigzag heterostructures with polarization-induced electric fields[J]. Applied Physics Letters, 2008, 92(20).

[11] CHI Y C, HSIEH D H, TSAI C T, et al. 450 nm GaN laser diode enables high-speed visible light communication with 9 Gbit/s QAM-OFDM[J]. Optics Express, 2015, 23(10): 13051-13059.

[12] CHO S Y, SEO S W, BROOKE M A, et al. Integrated detectors for embedded optical interconnections on electrical boards, modules, and integrated circuits[J]. IEEE Journal of Selected Topics in Quantum Electronics, 2002, 8(6): 1427-1434.

[13] TCHERNYCHEVA M, MESSANVI A, BUGALLO A D, et al. Integrated photonic platform based on InGaN/GaN nanowire emitters and detectors[J]. Nano Letters, 2014, 14(6): 3515-3520.

[14] HAURYLAU M, CHEN G Q, CHEN H, et al. On-chip optical interconnect roadmap: challenges and critical directions[J]. IEEE Journal of Selected Topics in Quantum Electronics, 2006, 12(6): 1699-1705.

[15] SARI E, NIZAMOGLU S, CHOI J H, et al. Opposite carrier dynamics and optical absorption characteristics under external electric field in nonpolar vs. polar InGaN/GaN based quantum heterostructures[J]. Optics Express, 2011, 19(6): 5442-5450.

[16] KNEISSL M, PAOLI T L, KIESEL P, et al. Two-section InGaN multiple-quantum-well laser diode with integrated electroabsorption modulator[J]. Applied Physics Letters, 2002, 80(18): 3283-3285.

[17] DUMMER M M, RARING J R, KLAMKIN J, et al. Selectively-undercut traveling-wave electroabsorption modulators incorporating a p-InGaAs contact layer[J]. Optics Express, 2008, 16(25): 20388-20394.

[18] SCHMIEDEL G, KIESEL P, DOHLER G H, et al. Electroabsorption in ordered and disordered GaInP[J]. Journal of Applied Physics, 1997, 81(2): 1008-1010.

[19] ZHAO Y J, YAN Q M, FEEZELL D, et al. Optical polarization characteristics of semipolar (30$\bar{3}$1) and (30$\bar{3}$1) InGaN/GaN light-emitting diodes[J]. Optics Express, 2013, 21(1): A53-A59.

[20] POURHASHEMI A, FARRELL R M, COHEN D A, et al. High-power blue laser diodes with indium tin oxide cladding on semipolar (20$\bar{2}$1) GaN substrates[J]. Applied Physics Letters, 2015, 106(11).

[21] SHEN C, NG T K LEONARO J T, et al. High-Modulation-Efficiency, Integrated waveguide modulator-laser diode at 448 nm[J]. ACS Photonics, 2016, 3(2): 262-268.

[22] SHEN C. III-nitride photonic integrated circuit: multi-section GaN laser diodes for smart lighting and visible light communication[D]. Thuwal: King Abdullah University of Science and Technology, 2017.

[23] LAMMERT R M, SMITH G M, HUGHES J S, et al. MQW wavelength-tunable DBR lasers with monolithically integrated external cavity electroabsorption modulators with low-driving voltages fabricated by selective-area MOCVD[J]. Photonics Technology Letters, IEEE, 1996, 8(6): 797-799.

[24] RENNER F, KIESEL P, DOHLER G H, et al. Quantitative analysis of the polarization fields and absorption changes in InGaN/GaN quantum wells with electroabsorption spectroscopy[J]. Applied Physics Letters, 2002, 81(3): 490-492.

[25] TURCHINOVICH D, JEPSEN P U, MONOZON B S, et al. Ultrafast polarization dynamics in biased quantum wells under strong femtosecond optical excitation[J]. Physical Review B, 2003, 68(24).

[26] FEEZELL D F, SPECK J S, DENBAARS S P, et al. Semipolar ($20\bar{2}1$) InGaN/GaN light-emitting diodes for high-efficiency solid-state lighting[J]. Journal of Display Technology, 2013, 9(4): 190-198.

[27] DENAULT K A, CANTORE M, NAKAMURA S, et al. Efficient and stable laser-driven white lighting[J]. AIP Advances, 2013, 3(7): 072107.

[28] LEE C, SHEN C, OUBEI H M, et al. 2 Gbit/s data transmission from an unfiltered laser-based phosphor-converted white lighting communication system[J]. Optics Express, 2015, 23(23): 29779-29787.

[29] SHEN C, LEE C, NG T K, et al. GHz modulation enabled using large extinction ratio waveguide-modulator integrated with 404 nm GaN laser diode[C]// IEEE Photonics Conference (IPC), October 2-6, 2016, Waikoloa, USA. Piscataway: IEEE Press, 2016: 813-814.

[30] SHEN C, NG T K, LEE C, et al. Semipolar InGaN quantum-well laser diode with integrated amplifier for visible light communications[J]. Optics Express, 2018, 26(6): A219-A226.

[31] SHEN C, LEE C, NG T K, et al. High gain semiconductor optical amplifier-Laser diode at visible wavelength[C]// 2016 IEEE International Electron Devices Meeting (IEDM), December 3-7, San Francisco, USA, Piscataway: IEEE Press, 2016, 22: 1-4.

[32] NAKAMURA S, SENOH N, IWASA N, et al. High-brightness ingan blue, green and yellow light-emitting-diodes with quantum-well structures[J]. Japanese Journal of Applied Physics Part 2-Letters & Express Letters, 1995, 34(7a): L797-L799.

[33] CHIH-CHIEN P, SHINICHI T, FENG W, et al. High-Power, Low-efficiency-droop semipolar (2021) single-quantum-well blue light-emitting diodes[J]. Applied Physics Express, 2012, 5(6): 062103.

[34] SHEN C, NG T K, LEONARD J T, et al. High-brightness semipolar ($20\bar{2}1$) blue InGaN/GaN superluminescent diodes for droop-free solid-state lighting and visible-light communications[J]. Optics Letters, 2016, 41(11): 2608-2611.

[35] SHEN C, LEE C, NG T K, et al. High-speed 405 nm superluminescent diode (SLD) with 807 MHz modulation bandwidth[J]. Optics Express, 2016, 24(18): 20281-20286.

[36] HARDY M T, FEEZELL D F, DENBAARS S P, et al. Group III-nitride lasers: a materials

perspective[J] Materials Today, 2011, 14(9): 408-415.

[37] IZUMI S, FUUTAGAWA N, HAMAGUCHI T, et al. Room-temperature continuous-wave operation of GaN-based vertical-cavity surface-emitting lasers fabricated using epitaxial lateral overgrowth[J]. Applied Physics Express, 2015, 8(6).

[38] NAKAMURA S. Current status of GaN-based solid-state lighting[J]. Mrs Bulletin, 2009, 34(2): 101-107.

[39] CANTORE M, PFAFF N, FARRELL R M, et al. High luminous flux from single crystal phosphor-converted laser-based white lighting system[J]. Optics Express, 2016, 24(2): A215-A221.

[40] CHUN H, MANOUSIADIS P, RAJBHANDARI S, et al. Visible light communication using a blue GaN μLED and fluorescent polymer color converter[J]. IEEE Photonics Technology Letters, 2014, 26(20): 2035-2038.

[41] SARI E, NIZAMOGLU S, OZEL T, et al. Blue quantum electroabsorption modulators based on reversed quantum confined stark effect with blueshift[J]. Applied Physics Letters, 2007, 90(1): 011101.

[42] HUANG Y T, YEH P H S, HUANG Y H, et al. High-performance InGaN p-i-n photodetectors using LED structure and surface texturing[J]. IEEE Photonics Technology Letters, 2016, 28(6): 605-608.

[43] ZHANG Y, SMITH R M, HOU Y, et al. Stokes shift in semi-polar (11$\bar{2}$2) InGaN/GaN multiple quantum wells[J]. Applied Physics Letters, 2016, 108(3): 031108.

[44] SHEN C, LEE C, STEGENBURGS E, et al. Semipolar III–nitride quantum well waveguide photodetector integrated with laser diode for on-chip photonic system[J]. Applied Physics Express, 2017, 10(4): 042201.

[45] CAI W, GAO X M, YUAN W, et al. Integrated p-n junction InGaN/GaN multiple-quantum-well devices with diverse functionalities[J]. Applied Physics Express, Article 2016, 9(5): 3.

[46] JIANG Z Y, ATALLA M R M, YOU C J, et al. Monolithic integration of nitride light emitting diodes and photodetectors for bi-directional optical communication[J]. Optics Letters, 2014, 39(19): 5657-5660.

[47] PEREIRO J, RIVERA C, NAVARRO A, et al. Optimization of InGaN-GaN MQW photodetector structures for high-responsivity performance[J]. IEEE Journal Of Quantum Electronics, 2009, 45(5-6): 617-622.

[48] JHOU Y D, CHEN C H, CHUANG R W, et al. Nitride-based light emitting diode and photodetector dual function devices with InGaN/GaN multiple quantum well structures[J]. Solid-state Electronics, Article, 2005, 49(8): 1347-1351.

[49] LEE C, ZHANG C, BECERRA D L, et al. Dynamic characteristics of 410 nm semipolar (20$\bar{2}$1) III-nitride laser diodes with a modulation bandwidth of over 5 GHz[J]. Applied Physics Letters, 2016, 109(10): 101104.

[50] LI K H, CHEUNG Y F, FU W Y, et al. Monolithic integration of GaN-on-sapphire

light-emitting diodes, photodetectors, and waveguides[J]. IEEE Journal of Selected Topics in Quantum Electronics, 2018, 24(6).

[51] LIU C, CAI Y F, JIANG H X, et al. Monolithic integration of III-nitride voltage-controlled light emitters with dual-wavelength photodiodes by selective-area epitaxy[J]. Optics Letters, 2018, 43(14): 3401-3404.

[52] FENG M X, WANG J, ZHOU R, et al. On-chip integration of GaN-based laser, modulator, and photodetector grown on Si[J]. IEEE Journal of Selected Topics in Quantum Electronics, 2018, 24(6).

第 8 章

氮化镓垂直腔面发射激光器

垂直腔面发射激光器（VCSEL）具有低阈值电流、高调制频率、易实现单纵模发光、高光纤耦合效率、小发散角、圆形光斑、可实现阵列集成等特点。氮化镓蓝紫光 VCSEL 的发展将为高速可见光通信提供一种新的选择。本章首先介绍近年来该类器件的发展，讨论其材料、结构与工艺的特殊性带来的挑战，以及非极性氮化镓蓝紫光 VCSEL 的光电特性；然后重点分析氮化镓 VCSEL 的高频特性。

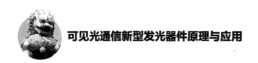

| 8.1　氮化镓垂直腔面发射激光器介绍 |

　　相比于常见的边发射 F-P 激光器，氮化镓基蓝紫光垂直腔面发射激光器具有一系列优异特性，如更小的器件尺寸、较短的谐振腔长、圆形的发射光束、较小的发散角、更小的有源区面积等[1-3]。此外，作为一种面发射器件，VCSEL 可以极为方便地制作成可以分别驱动的二维激光阵列。因此，氮化镓 VCSEL 被认为是适合下一代高密度显示、微型投影、固态照明和高速光通信的理想器件[4-5]。自从 1979 年研制出第一个 VCSEL 以来，基于 AlGaAs 和 InGaAs 材料的近红外 VCSEL 器件已经实现了工业化生产[6]。然而，由于存在着诸多挑战，短波长氮化镓基 VCSEL 的发展远远落后于红外 VCSEL 和蓝紫光边发射激光器。这其中既有增益介质本身的原因，也有缺乏合适的反射镜面材料的原因。

　　随着 InGaN 材料体系的逐渐成熟，设计优化适合于短波长 VCSEL 的反射镜面成为 VCSEL 研究的重点。相比于近红外波段较为成熟的 AlGaAs/GaAs 分布式布拉格反射器（Distributed Bragg Reflector, DBR），氮化镓基半导体材料组成的 DBR 结构，包括 AlGaN/GaN、AlInN/GaN、AlGaN/AlN 等不同组合均存在晶格失配较为严重及折射率差异较小的问题。这一方面给 DBR 结构的外延生长带来挑战，另一方面也使得制备高反射率 DBR 镜面的难度和成本急剧上升[7]。因此，研究人员也提出了使用氧化物，如 SiO_2/Ta_2O_5、SiO_2/HfO_2 等材料组合来实现高质量的反射镜面。然而，由于氧化物材料不具有导电性，给在这类结构中实现电泵浦 VCSEL 高性能电注入带来挑战。此外，除了电学方面的挑战，基于 InGaN/GaN 量子阱结构的近紫外和蓝绿发光 VCSEL 在机械性能、光学设计等方面也存在着诸多挑战。

在 2011 年，日亚报道了在常温下工作的蓝绿光电泵浦 VCSEL[8]。其外延结构生长在 c 面 GaN 衬底上，有源区使用了 5 层 InGaN/GaN 量子阱结构，利用 ITO 形成电流孔径如图 8-1 所示。蓝光 VCSEL 的发射孔径为 8 μm，阈值电流为 1.5 mA，在 451 nm 波长处光功率为 0.7 mW。绿光 VCSEL 的发射孔径为 10 μm，阈值电流为 22 mA，波长为 503 nm，在脉冲模式下预计光功率可达 0.8 mW。除日本的研究机构外，中国厦门大学以及美国、瑞士的部分研究机构也报道了一系列短波长 VCSEL 的工作。在 2018 年年初，张保平和郭浩中教授等[7]研究人员对氮化镓基 VCSEL 的发展进行了总结和讨论。随后，日本名成大学的研究人员制备了在常温下连续输出光功率为 6 mW 的蓝光 VCSEL，发光波长为 441 nm[9]。通过增加侧向光学限制，该器件的效率有了进一步提升，其斜率效率达 0.87 W/A，外量子效率为 32%。通过增加一种长腔结构，蓝光 VCSEL 的输出光功率可以进一步提高到 15.7 mW[10]，这一光功率已经足够满足近距离光通信的应用需求。该器件在常温下的阈值电流为 4.5 mA，对应的电压为 5.1 V，其电光转换效率为 8.9%。除了进一步提高光功率，另一个值得研究的方向是制作低阈值电流的 VCSEL 来满足低功耗设备的需要。截至 2019 年年初，最新的报道是一组 3 μm 直径的蓝光 VCSEL，其具有低至 0.25 mA 的阈值电流，对应的阈值电流密度为 3.5 kA/cm^2[11]。这一器件使用了侧向光学限制和弯曲镜面技术来实现亚毫安级低阈值氮化镓 VCSEL。

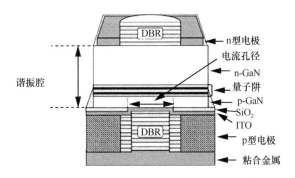

图 8-1　一种氮化镓蓝绿光垂直腔面发射激光器的结构

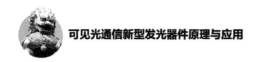

|8.2 非极性氮化镓垂直腔面发射激光器 |

早期的氮化镓基 VCSEL 生长在蓝宝石衬底上，随着自支撑 GaN 衬底和同质衬底外延技术的发展，在 C-GaN 衬底上制备的氮化镓基 VCSEL 逐渐成为主流。进一步提高 VCSEL 性能的另一个渠道是使用非极性结构来提高材料的增益以及通过消除 QCSE 来降低阈值电流密度[12]。研究人员在自支撑非极性面 GaN 衬底上生长了带有剥离用 InGaN 牺牲层的外延结构，这一结构结合带隙选择性光辅助电化学刻蚀技术使得生长的外延层可以从衬底上剥离并与金属衬底进行键合，同时实现对谐振腔长度的控制。该结构使用了双侧介电 DBR 与 ITO 导电层。实验发现在非极性面上的紫光 VCSEL 激光极化模式是统一沿着 a 晶向的，而传统的 VCSEL 结构极化方向一般是随机的，这也是非极性氮化镓垂直腔面发射激光器的一个独特之处[2]。

对于使用双侧介电 DBR 结构的 VCSEL 来说，电流扩散层的性能至关重要。针对目前光电器件中常用的 ITO 材料在 VCSEL 中的应用，LEONARD 等[13]对其加工工艺进行了系统性的研究。除了 ITO 之外，隧道结技术也被用在氮化镓 VCSEL 中，并显示出比 ITO 电流扩散层更优异的性能[5-14]。

这里，我们制作了结构如图 8-2 所示的蓝紫光非极性氮化镓 VCSEL。该器件利用离子注入技术定义直径为 10 μm 的输出孔径，使用 Ta_2O_5/SiO_2 的 DBR 镜面组合作为反射器，隧道结电流扩散层，并利用光电化学刻蚀技术和倒装芯片键合技术完成电极制备[15]。该器件有源区使用的是 7 对非极性 InGaN/GaN 量子阱结构和 AlGaN 电子阻挡层。

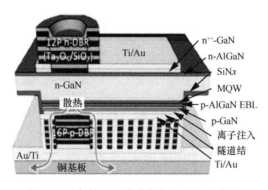

图 8-2 非极性 GaN 基蓝紫光 VCSEL 的结构

在室温下测量非极性 GaN 基蓝紫光 VCSEL 的光电特性。首先在脉冲激发模式下测量该器件的输出光功率与电流以及电压与电流的关系如图 8-3 所示。脉冲模式的脉宽为 0.5 μs，占空比为 0.1%。从测得的曲线可以得出该器件的阈值电流为 18 mA，对应的电压为 7.5 V。10 μm 直径的非极性 GaN 基蓝紫光 VCSEL 输出光功率约为 200 μW，斜率效率约为 7.74 μW/mA。

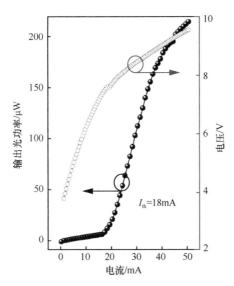

图 8-3　非极性 GaN 基蓝紫光 VCSEL 的输出光功率–电压–电流关系曲线

在电注入下器件的电致发光光谱如图 8-4 所示。通过光谱仪 Ocean Optics HR4000 采集的光谱显示器件发光峰为 419 nm，并且仅观察到单纵模发光峰。为进一步分析器件的光谱性能，这里使用高分辨率光谱分析仪 Ando AQ6315A 在高分辨率模式下（0.05 nm）进一步测量了器件的电致发光光谱。测试也证实了器件的发光峰位置，并通过高斯曲线拟合计算了发光峰的半峰宽为 0.6 nm。得益于 VCSEL 结构较小的谐振腔长度，其可以容许的光学纵模间隔会增大，因而有利于获得单纵模发光的激光器。这一优势使得 VCSEL 的波长更不容易随着温度的变化而产生较大的跳跃，这对稳定的光通信系统来说也是有利的一个特点。

另外非常值得分析的是非极性 GaN 基蓝紫光 VCSEL 的空间光束轮廓。使用光束分析仪 Ophir SP620U 分别测量了 10 μm 直径和 12 μm 直径非极性 GaN 基蓝紫光 VCSEL 的空间光束如图 8-5 所示[4]。这两者的测量结果都是在 1.2 倍阈值电流条件下测得的，即 10 μm 直径 VCSEL 注入电流为 22.5 mA，12 μm 直径 VCSEL 注入电流为 25 mA。可以看出 VCSEL 的光束轮廓和空间光强分布与常见的边发射激光器有较大差别，并且不同直径的器件其光束特性也有区别，值得进一步研究。

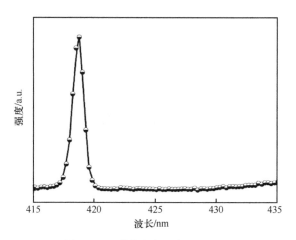

图 8-4　非极性 GaN 基蓝紫光 VCSEL 的电致发光光谱

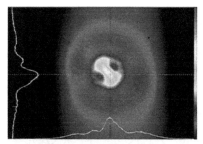

(a) 10 μm 直径非极性 GaN 基
蓝紫光 VCSEL 的二维光强分布

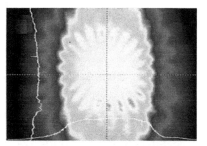

(b) 10 μm 直径非极性 GaN 基
蓝紫光 VCSEL 的三维光强分布

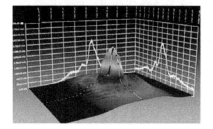

(c) 12 μm 直径非极性 GaN 基
蓝紫光 VCSEL 的二维光强分布

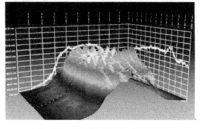

(d) 12 μm 直径非极性 GaN 基
蓝紫光 VCSEL 的三维光强分布

图 8-5　非极性 GaN 基蓝紫光 VCSEL 的空间光束轮廓测量

| 8.3　氮化镓垂直腔面发射激光器的高频调制 |

作为一种新型发光光源，氮化镓基 VCSEL 的高频调制特性对于高速可见光通信十分重要。本节重点讨论非极性面上 InGaN/GaN 量子阱 VCSEL 的频率响应。这里研究的短波长 VCSEL 发光峰为 419 nm，器件尺寸为 10 μm，阈值电流为 18 mA。利用硅基 APD 作为接收器，测得器件的带宽为 1 GHz（受限于 APD 的响应频率）。同时测试了 VCSEL 的电容特性，由于较小的器件尺寸，该 VCSEL 具有极低的寄生电容（约 0.85 pF），这也进一步说明氮化镓基 VCSEL 具有优异的高频调制特性。

该实验中使用 Agilent E8361C PNA 网络分析仪来产生幅度为–15 dBm 的信号，高频调制信号与直流信号通过偏置器 Picosecond Pulse Labs 5543 接入待测的 VCSEL。该 VCSEL 的发光光谱经过聚光被硅基雪崩光电二极管 Menlo Systems APD210 接收，并将接收到的信号传回网络分析仪如图 8-6 所示。

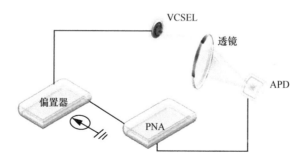

VCSEL

透镜

APD

偏置器

PNA

图 8-6　氮化镓 VCSEL 小信号高频调制特性测试实验装置

实验测得频率响应如图 8-7 所示。受限于接收端 APD 的带宽限制，实验测得的–3 dB 带宽为 1 GHz。这是针对氮化镓基 VCSEL 器件高频调制特性的首次实验报道[4]，证实了短波长可见光 VCSEL 在可见光通信中也具有应用价值。类似于常见的边发射激光器，VCSEL 器件的高频响应特性也受制于弛豫振荡频率。

这里我们仅考虑幅度调制的情况。进一步分析该器件的频率响应可以从光子寿命和寄生参数入手。相比于常见的边发射激光器，VCSEL 具有极短的谐振腔（微米级），比边发射器件的腔长短 1~2 个数量级。因此其光子寿命会远小于边发射激光器中的光子寿命，VCSEL 的弛豫振荡频率也应该远远高于 1 GHz。另一方面，器件的寄生参数也会影响高频特性。为了估算器件的寄生参数，我们通过实验测量了器件的寄生电容，如图 8-8 所示该实验是利用半导体特性分析仪测试得到的。该 VCSEL 器件的寄生电容大约为 0.85 pF，这一电容值也远小于常见的边发射激光器的电容，这部分得益于 VCSEL 较小的电流孔径。由此可以估算出氮化镓蓝紫光 VCSEL 器件的带宽有望达到 10 GHz。因此，进一步发展研究蓝紫光 VCSEL 对于近距离超高速可见光通信来说具有非常重要的价值。

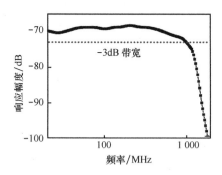

图 8-7　实验测得的非极性 GaN 基蓝紫光 VCSEL 的频率响应

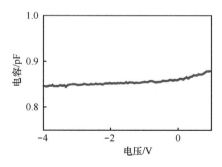

图 8-8　实验测得的氮化镓 VCSEL 的电容–电压特性曲线

| 8.4　本章小结 |

　　红光 VCSEL 和红外 VCSEL 的商业化产品已经面世，并且在光识别，光互联系统和光存储等领域取得了应用。而短波长 VCSEL 目前仍然是各大公司和科研院所竞逐突破的方向。氮化镓基蓝紫光 VCSEL 被认为是在高分辨率打印、高密度光学数据存储以及生物化学传感等应用中的理想光源。本章讨论的结果则表明，氮化镓基蓝紫光 VCSEL 作为一种新型发光器件所具有的高频调制特性是近距离超高速可见光通信的首选光源，对于这类应用来说具有传统光源所无法比拟的优势。如果能够从材料生长与器件工艺上解决发光效率与可靠性的瓶颈，氮化镓基 VCSEL 将具有广阔的应用前景。

┃ 参考文献 ┃

[1] CHU J T, LU T C, YOU M, et al. Emission characteristics of optically pumped GaN-based vertical-cavity surface-emitting lasers[J]. Applied Physics Letters, 2006, 89(12): 121112-121112-3.

[2] HOLDER C O, LEONARD J T, FARRELL R M, et al. Nonpolar III-nitride vertical-cavity surface emitting lasers with a polarization ratio of 100% fabricated using photoelectrochemical etching[J]. Applied Physics Letters, 2014, 105(3): 011102.

[3] LIU W J, HU X L, YING L Y, et al. On the importance of cavity-length and heat dissipation in GaN-based vertical-cavity surface-emitting lasers[J]. Scientific Reports, 2015, 5(15).

[4] SHEN C, LEONARD J T, YOUNG E C, et al. GHz modulation bandwidth from single-longitudinal mode violet-blue VCSEL using nonpolar InGaN/GaN QWs[C]//Conference on Lasers and Electro-Optics, June 5-10, 2016, San Jose, California. Piscataway: IEEE Press, 2016.

[5] LEONARD J T, YOUNG E C, YONKEE B P, et al. Comparison of nonpolar III-nitride vertical-cavity surface-emitting lasers with tunnel junction and ITO intracavity contacts[J]. Proceeding of SPIE, 2016, 9748: 97481B-97481B-13.

[6] IGA K. Surface-emitting laser-its birth and generation of new optoelectronics field[J]. IEEE Journal of Selected Topics in Quantum Electronics, 2000, 6(6): 1201-1215.

[7] YU H C, ZHENG Z W, MEI Y, et al. Progress and prospects of GaN-based VCSEL from near UV to green emission[J]. Progress in Quantum Electronics, 2018, 57: 1-19.

[8] KASAHARA D, MORITA D, KOSUGI T, et al. Demonstration of blue and green GaN-based vertical-cavity surface-emitting lasers by current injection at room temperature[J]. Applied Physics Express, 2011, 4(7).

[9] KURAMOTO M, KOBAYASHI S, AKAGI T, et al. Enhancement of slope efficiency and output power in GaN-based vertical-cavity surface-emitting lasers with a SiO$_2$-buried lateral index guide[J]. Applied Physics Letters, 2018, 112(11).

[10] KURAMOTO M, KOBAYASHI S, AKAGI T, et al. High-output-power and high-temperature operation of blue GaN-based vertical-cavity surface-emitting laser[J]. Applied Physics Express,

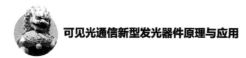
2018, 11(11): 112101.

[11] HAMAGUCHI T, NAKAJIMA H, TANAKA M, et al. Sub-milliampere-threshold continuous wave operation of GaN-based vertical-cavity surface-emitting laser with lateral optical confinement by curved mirror[J]. Applied Physics Express, 2019, 12(4).

[12] HOLDER C, FEEZELL D, SPECK J S, et al. Demonstration of nonpolar GaN-based vertical-cavity surface-emitting lasers[J]. Applied Physics Express, 2012, 5(9).

[13] LEONARD J T, COHEN D A, YONKEE B P, et al. Smooth e-beam-deposited tin-doped indium oxide for III-nitride vertical-cavity surface-emitting laser intracavity contacts[J]. Journal of Applied Physics, 2015, 118(14): 145304.

[14] LEONARD J T, COHEN D A, YONKEE B P, et al. Demonstration of a III-nitride vertical-cavity surface-emitting laser with a III-nitride tunnel junction intracavity contact[J]. Applied Physics Letters, 2015, 107(9): 091105.

[15] LEONARD J T. III-Nitride Vertical-Cavity Surface-Emitting Lasers[D].Santa Barbara：University of California, 2016.

第 9 章

总结与展望

本章回顾了本书中讨论的一系列可见光通信新型发光器件，总结了在器件领域最新的研究热点、主要挑战和未来的发展方向。

|9.1 回顾 |

本书系统讨论了包括表面等离激元增强 LED、纳米柱 LED、近紫外 LED、氮化镓超辐射发光二极管、非极性和半极性氮化镓蓝紫光激光器、多段式氮化镓激光器、可见光波段的光子集成电路、氮化镓蓝紫光垂直腔面发射激光器等在内的新型发光器件。从原理、结构、性能，特别是高频调制和高速通信的角度探讨了这类器件在可见光通信应用中的优势。

本书讨论的主要亮点包括以下几个方面。

- 表面等离激元增强 LED 将物理学领域的最新成就应用到 LED 器件中，既可提高器件的效率，又可提高器件的调制带宽。第 2 章介绍了表面等离激元增强 LED 的工作原理、设计与制备、电学表征及其在可见光通信中的应用。30 nm 厚 p-GaN 的表面等离激元增强 LED 的 10 dB 带宽达到 152 MHz，对比商用绿光 LED 的 10 dB 带宽（5～20 MHz），提高了一个数量级。

- 纳米柱 LED 将最先进的纳米制备技术应用到 LED 中。第 3 章首先介绍了纳米柱 LED 的发展及应用，然后介绍其设计和工艺，主要是光学表征，最后是在可见光通信中的应用。纳米柱 LED 可以减缓量子限制斯达克效应，提高 LED 的效率，而且可以用纳米柱的尺寸控制 LED 的发光波长。同时通过时域瞬态光荧光测试载流子的寿命，预测可以提高

LED 的调制带宽。

- 近紫外 LED 可以用与蓝光 LED 相同的材料和工艺制备而成。由于其波长较短，在通信中具有独特的优点。第 4 章介绍了近紫外 LED 的发展历史与现状、器件的设计及制备、电学表征及其在可见光通信中的应用。该器件的 10 dB 调制带宽高达 230 MHz。

- 氮化镓 SLD 基于放大的自发辐射，兼具激光器和发光二极管的特点。其光谱范围较宽，输出功率较大，调制频率较高，方向性好，因而适合用作可见光通信系统中的光发射器件。第 5 章介绍了氮化镓蓝紫光 SLD 的结构与性能，展示了其在白光通信中的应用，制成的器件具有 800 MHz 的调制带宽，通过 OOK 调制可以实现超过 1.3 Gbit/s 的通信速率。

- 氮化镓蓝紫光激光器具有远高于 LED 的高频调制性能，是一种适合高速可见光通信的发射器。第 6 章在回顾氮化镓激光器的主要发展的基础上重点介绍了非极性和半极性氮化镓激光器这一新的领域，重点探讨了这一类器件的性能，特别是在高频调制性能上的最新结果。其中，半极性面上制备的激光器具有超过 3 GHz 的调制带宽。

- 在氮化镓基材料中实现不同功能器件的片上集成具有较大的挑战，其原因之一是极性面上量子阱结构的发光光谱和探测响应谱重叠区较小，导致集成器件工作效率较低。第 7 章研究了半极性面上利用多段式激光器结构实现氮化镓基蓝紫光的同质集成光子芯片，实验表明光源与半导体光调制器、光放大器和光探测器的集成均具有较高的效率。同时，首次提出并验证了氮化镓基光子集成电路芯片在可见光通信中的应用，这类器件既可以作为发射器使用，也可作为收发器，用于实现芯片内的双向信息传输。这一成果为制备高密度、多功能可见光光子集成芯片，进一步降低能耗和热效应奠定了基础。

- VCSEL 因其优异的光电性能和较为复杂苛刻的加工技术，成为高端半导体激光器中极具挑战的研究方向，是激光二极管中的"明珠"。第 8 章总结了氮化镓蓝紫光 VCSEL 的研究进展、主要挑战和工艺技术，首次实验探究了氮化镓 VCSEL 的高频调制性能。结果表明氮化镓 VCSEL 具有极高的调制频率，是未来短距离高速可见光通信发射器件的强有力竞争者。

|9.2 挑战与未来 |

氮化镓新型发光器件的发展成熟和规模化应用还面临着一些挑战，其中部分内容已经成为目前的研究热点，部分则会在未来一段时间内得到持续关注。作者在这里抛砖引玉，希望能有更多的读者参与到这一激动人心的领域中来大展拳脚。

节能的白光 LED 照明促进了 LED 的市场渗透，同时也推动了以 LED 为核心发射器件的可见光通信技术的研究和成熟。商用的白光 LED 光源的调试带宽限制在数兆及数十兆赫兹，无法充分展现可见光通信的优势。于是采用表面等离激元来增加 LED 的调制带宽。此技术可以数十倍地提高 LED 的调制带宽，挑战是要用薄的 p-GaN 外延片，且金属纳米颗粒的引入增加了工序，对后续封装也有一定的影响。采用纳米柱 LED 也证实了可以有效地提高 LED 的调制带宽，与 μ-LED 的挑战类似，为达到一定的流明强度，减小器件尺寸，意味着更多器件数量，提高光和电学管理的复杂性。近紫外 LED 也可以用来制备白光源，且其短波长具有独特优势。但目前商用探测器在此波段灵敏度较低，使系统的整体性能有待提高。同时，对新型白光 LED 的研究，比如基于荧光碳化硅的白光 LED 将为可见光通信带来新的机遇。

进一步提高氮化镓基蓝绿光激光器的发光效率，特别是绿光的输出光功率和发光效率。由于不同水体条件下光学性能的差异，这一波段对于水下无线光通信来说具有更为重要的意义。高效率、高功率激光器有助于进一步提高通信系统的工作距离，简化发射端温度控制和接收端光学结构。

氮化镓激光器与 SLD 的稳定性、可靠性，特别是应对温度变化的稳定性。目前主要器件的结构工艺设计主要从发光效率、电注入效率、光学限制等角度出发进行优化，而针对热传输性能和散热结构的研究还处在初步阶段。如何提升器件的热稳定性，同时结合相应的封装结构优化，进一步提高器件在连续高注入条件下的有效散热是值得进一步研究的方向。此外，传统的热学建模和实验研究主要针对直流驱动下的应用，而对于可见光通信中涉及的高频调制下的射频发热现象尚待进一步探索。

氮化镓基片上集成芯片的加工工艺优化。针对蓝紫光的发射、传输、调制、放大，探测等功能实现片上集成的工艺整合与优化是推进器件广泛应用的必经步骤。这一研究中值得关注的是不同工艺的优先级安排和表面处理对各个功能结构性能的影响。如何在工艺整合中减小杂质引入，减轻刻蚀工艺对各功能器件镜面的损伤，加工损伤的修复，以及电接触的性能优化是值得探讨的方向。

氮化镓基 SLD 和片上集成芯片的封装。对于需要光纤耦合的应用来说，这类器件光纤耦合的方法和效率有待研究。在封装中降低器件的寄生电容效应，提高散热性能对于可见光通信来说也具有重要意义。

氮化镓 VCSEL 的研究目前尚不成熟，对于材料、器件结构、工艺与封装的优化还有许多工作要做，除了蓝紫光 VCSEL 之外，绿光 VCSEL 和近紫外 VCSEL 的探索也是值得关注的方向。

从照明用白光 LED 的发展来看，一项技术从诞生到大规模应用不是一蹴而就的，而是许多材料、器件和系统等诸多领域中的科研工作者与工程技术人员不断努力的结果。可见光通信这一新兴应用领域显示出了极大的发展潜力和市场前景，本书中讨论的一些新型器件有助于一些可见光通信的应用取得进一步的发展。同样可见光通信系统的发展也对新型器件提出了不同的要求，这促进了氮化镓器件与材料的发展。相信不久的将来，氮化镓新型发光器件会越来越多地应用于可见光通信中，可见光通信的功能系统也会逐渐走进千家万户，为人们的生产生活带来更多便利。

名词索引